全彩版
看视频学技术

图解蔬菜
栽培关键技术

[日] 井上昌夫 监修

孙 璇 译

机械工业出版社
CHINA MACHINE PRESS

本书向您讲述了蔬菜栽培从整地到收获的整个过程中的专业操作技巧。如果能够掌握蔬菜的栽培要点，无论是谁，都能享受到收获美味蔬菜的快乐。

书中详细介绍了57种人气蔬菜的栽培方法，包含施肥、整地、起垄、播种、移植、覆膜、摘心等基础作业的实际操作，配有田间操作视频资料，并通过大量图片展示，浅显易懂，实用性强。无论是种植蔬菜的初学者，还是已具备一定种植经验的人，都可将本书作为必备的指南书。

Original Japanese title: PRO GA OSHIERU HAJIMETE NO YASAI ZUKURI DVD 60 PUN TSUKI

Copyright © 2014 by Masao Inoue

Original Japanese edition published by Seito-sha Co., Ltd.

Simplified Chinese translation rights arranged with Seito-sha Co., Ltd.

through The English Agency (Japan) Ltd. and Eric Yang Agency, Inc.

本书由株式会社西东社授权机械工业出版社在中国大陆地区（不包括香港、澳门特别行政区及台湾地区）出版与发行。未经许可之出口，视为违反著作权法，将受法律之制裁。

北京市版权局著作权合同登记 图字：01-2018-2966号。

摄　　影　福田俊
协助拍摄　arsphoto企划
插　　图　竹口睦郁
设　　计　KARANOKI DESIGN制作室　佐佐木容子
协助编辑　帆风社

照片提供　カネコ种苗（株）、（株）埼玉原种育成会、（株）サカタのタネ、タキイ种苗（株）、トキタ种苗（株）、中原采种场（株）、ナント种苗（株）、みかど协和（株）、（株）大和农园种苗贩卖部、渡边采种场（株）

图书在版编目（CIP）数据

图解蔬菜栽培关键技术/（日）井上昌夫监修；孙璇译. — 北京：机械工业出版社，2019.5（2023.3重印）
ISBN 978-7-111-61989-5

Ⅰ.①图… Ⅱ.①井… ②孙… Ⅲ.①蔬菜园艺-图解 Ⅳ.①S63-64

中国版本图书馆CIP数据核字（2019）第025845号

机械工业出版社（北京市百万庄大街22号　邮政编码100037）
策划编辑：高　伟　责任编辑：高　伟
责任校对：张　力　责任印制：张　博
北京利丰雅高长城印刷有限公司印刷

2023年3月第1版·第4次印刷
182mm×257mm·12.5印张·274千字
标准书号：ISBN 978-7-111-61989-5
定价：65.00元

电话服务　　　　　　　网络服务
客服电话：010-88361066　机 工 官 网：www.cmpbook.com
　　　　　010-88379833　机 工 官 博：weibo.com/cmp1952
　　　　　010-68326294　金 书 网：www.golden-book.com
封底无防伪标均为盗版　机工教育服务网：www.cmpedu.com

目录

CONTENTS

索引 6

本书的使用方法 7

品尝时鲜蔬菜
时令蔬菜 8

叶或茎可以食用的蔬菜——叶菜类 8

茎或根可以食用的蔬菜——根菜类 8

果实可以食用的蔬菜——果菜类 9

为了更好地种植
年间栽培计划 9

确认日照条件和土质 9

了解蔬菜的特点和品类 9

对轮作的思考 10

专栏：防止连作危害 10

年间栽培计划月历 11

PART 1 蔬菜栽培的基础知识 13

Lesson 1
种植蔬菜时必要的东西
工具和材料 14

起步阶段需要准备的基本工具 14

Lesson 2
栽培中最重要的工作
培育土壤的基础知识 15

土壤的活力靠生物来创造 15

增加腐殖质 16

专栏：免耕栽培的方法 16

通过翻土进行改良 17

Lesson 3
为了蔬菜的健康生长
垄作和地膜护根 18

垄作的目的 18

覆盖的材料和效果 18

专栏：有机覆盖物的效用 19

Lesson 4 各种播种方法和苗的定植
播种和定植 20

播种方法因蔬菜品类而异 20
专栏： 小种子就用"旋转捏播"的方式 20
幼苗定植的好处和时期 22
专栏： 把握好定植的适宜时期 23

Lesson 5 适宜的种类、适宜的量、适宜的时期
施肥的方法 24

过度施肥是万病之源 24
肥料不是给予，而是返还 25
不在根部施肥 25
专栏： 用有机肥料，将化学肥料进行夹层施肥 25
有机肥料的陷阱 26
肥料的区分方法 28
专栏： 活性剂、营养剂的使用方法和注意事项 28

Lesson 6 认真管理土壤的状态
培土、中耕和除草 30

中耕，借助微生物的力量 30
不要带走已经除掉的草 30
专栏： 中耕作业比较困难时，有机物护根更有效果 31
疏苗的时期 31

Lesson 7 有效地进行栽培管理和收获作业
搭立支柱、引导、整枝 32

搭立支柱的方法 32
引导的方法 33
整枝的方法 33

Lesson 8 利用园艺材料守护蔬菜
覆盖无纺布和隧道式栽培 34

覆盖材料和使用方法 34
隧道式栽培的材料和使用方法 35

Lesson 9

不能总是依靠农药

防治病虫害 36

活用无纺布和寒冷纱 36
共生植物的活用 37
利用食品的避忌效果 38

PART 2 春作蔬菜的栽培方法 39

果菜类 40

- 黄瓜 40
- 南瓜 46
- 冬瓜 50
- 苦瓜 52
- 佛手瓜 55
- 白瓜 56
- 西瓜 58
- 甜瓜 62
- 西葫芦 64
- 茄子 66
- 番茄 72
- 青椒 80
- 甘长辣椒. 84
- 辣椒 86
- 毛豆 87
- 四季豆 90
- 花生 92
- 甜玉米 94
- 秋葵 100
- 芝麻 102

根菜类 106

- 马铃薯 106
- 红薯 110
- 芋头 114
- 生姜 118
- 山药 121

叶菜类 124

- 葱. 124
- 青紫苏 128
- 深裂鸭儿芹 129
- 圆生菜 130
- 羊栖菜 131
- 芦笋 132

索引

白菜 173
白瓜 56
抱子甘蓝 186
扁豆 136
菠菜 195
花椰菜 192
蚕豆 138
草莓 142
葱 124
大蒜 160
冬瓜 50
番茄 72
佛手瓜 55
甘长辣椒 84
甘蓝 182
红薯 110
胡萝卜 154
花生 92
黄瓜 40
韭菜 170
韭葱 168
苦瓜 52
辣椒 86
芦笋 132
萝卜 146
落葵 172
马铃薯 106
蔓菁 152
毛豆 87
南瓜 46
牛蒡 157
茄子 66
青椒 80
青紫苏 128
秋葵 100
山药 121
深裂鸭儿芹 129
生姜 118
水菜 180
四季豆 90
塔菜 179
甜瓜 62
甜豌豆 134
甜玉米 94
茼蒿 198
西瓜 58
西葫芦 64
西蓝花 188
小松菜 176
薤白 167
羊栖菜 131
洋葱 162
樱桃萝卜 150
油菜 178
芋头 114
圆生菜 130
芝麻 102

PART 3 夏秋作蔬菜的栽培方法 133

果菜类 134

● 甜豌豆 134
● 扁豆 136
● 蚕豆 138
● 草莓 142

根菜类 146

● 萝卜 146
● 樱桃萝卜 150
● 蔓菁 152
● 胡萝卜 154
● 牛蒡 157
● 大蒜 160
● 洋葱 162
● 薤白 167

叶菜类 168

● 韭葱 168
● 韭菜 170
● 落葵 172
● 白菜 173
● 小松菜 176
● 油菜 178
● 塔菜 179
● 水菜 180
● 甘蓝 182
● 抱子甘蓝 186
● 西蓝花 188
● 花椰菜 192
● 菠菜 195
● 茼蒿 198

※ 本书中提到的蔬菜品种名称，是日本的通用名称，仅供参考。

A

蔬菜栽培的难易度

★ （简单）

种植期比较短，土壤适应性也比较广泛，不需下太多功夫的种类。

★★ （普通）

种植期半年左右，在预防病虫害、追肥等方面不需要下太多功夫的种类。

★★★ （难）

种植期比较长，在预防病虫害、追肥、摘心、培土等方面需要下功夫的种类。

B 月历

这个月历以日本关东地区（气候类似我国长江流域）的露地栽培为基准。这里所标记的播种、定植等，表示的是比较容易进行的时期。具体内容请参考种子包装上面的说明。

C 垄和肥料

表示垄的尺寸，宽度和高度根据蔬菜的种类和土质的不同而变化。方框里面的过磷酸钙等用量，均是按照每平方米垄面积的量来考虑的。

D 品种介绍

作者推荐的，在日本容易种植且美味的蔬菜品种，仅供参考。

PRO

来自专家的要点介绍！

这个部分是种植蔬菜时，专家传授的要点或者窍门。请在开始种植前仔细阅读。

专家支招栽培要点

 专家妙招

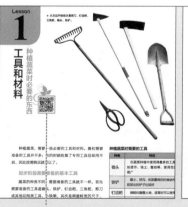

扫码看视频，要点"轻松学"。

时令蔬菜

　　大多数蔬菜或者水果，不论味道还是营养成分，刚采收时都是最好的。种植蔬菜的话，顺应蔬菜的时令慢慢培育，这样收获的蔬菜味道比较浓厚，植株也会长得比较结实。

叶或茎可以食用的蔬菜——叶菜类

　　大部分的叶菜类，从秋天到早春较为寒冷的时节是最佳的栽培时期。这是因为随着早春气温的上升，开花结果所需要的营养会被作为养分聚积在茎叶处。甘蓝、白菜、西蓝花、葱、圆生菜等都是如此，短时间内就可以收获的菠菜、小松菜等也是这样。

茎或根可以食用的蔬菜——根菜类

　　从秋天到早春的寒冷时节也是根菜类最佳的栽培时期。这个时期的萝卜、胡萝卜、牛蒡等是最好吃的，

因为它们为了在早春时节可以开花结果，根部储存了充足的营养成分，这与叶菜类相似。

果实可以食用的蔬菜——果菜类

大部分果菜类，从初夏开始到秋天是最佳的栽培时期，它们的果实里聚集着繁殖用的种子，也可以食用，而且特别美味。像甜玉米、番茄、茄子、黄瓜、南瓜、毛豆等这种夏天不可缺少的果菜类还有很多。

所谓时令期，就是蔬菜最能健康生长的时期。对于我们来说，时令期就是蔬菜最容易培育的时期。

为了更好地种植
年间栽培计划

栽培计划是指在一年期间进行蔬菜种植的基本计划，一方面要考虑到日照、连作的危害、病虫害防治等情况，另一方面也应考虑如何有效地利用有限的空间来进行种植规划。这本身就是一项令人兴奋的工作。应注意保管制订好的栽培计划，以便以后用作参考。

确认日照条件和土质

大部分蔬菜喜阳光，因此首先确认好种植场所中东南西北的位置关系和日照条件非常重要。另外，如果可以的话，最好挖深30~50厘米的坑，亲自确认土质条件。例如，是否是会妨碍种植蔬菜的黏土质，排水性是好是坏，小石子是否多，如果是沙地的话其排水性如何等。

了解蔬菜的特点和品类

首先，我们必须理解蔬菜也是为了其自身种族的存续、维持子孙繁荣而生存至今，这点非常重要。因此，当它们察觉到自己遇到干燥或者病虫害的威胁时，就会匆忙开花结果以倾尽全力留下种子，从而保护自己的子孙。

我们在进行栽培时，需要根据不同的情况对蔬菜的这种特性加以利用。蔬菜有十字花科、豆科、茄

▶ 紧邻住宅地的家庭菜园。需要考虑可以种植的土地面积、日照条件等因素，然后制订栽培计划。

科等不同的科属分类，同一科的蔬菜，其开花、扎根的方式等具有共同特征，这点也可以进行参考。

另外，蔬菜有很多品种。有一些是蔬菜专家发现在恶劣环境下也能成长，因此花费时间筛选出来的品种；还有一些是利用生物技术培育出来的，能够对抗疾病、免疫力强的品种，颜色较重的品种，以及味道较浓的品种。

选择品种时，在网上进行检索以发现新品种的特性，这是件令人开心的事情。如果你家附近有种苗商店的话，你也可以向那里的专业人士进行咨询。

在此建议大家根据自己希望收获的时间，一边参考市面售卖的种子袋上的说明，一边进行选择。

对轮作的思考

对于大多数蔬菜而言，如果将属于同一科的蔬菜连续栽培（称为连作）的话，土壤中的肥料成分和微生物层就会出现偏向一方而不能均衡发展的现象，长此以往就会导致蔬菜生长发育变差，而且还容易生病。这跟我们偏食就会导致身体出现异常是一样的。

为了避免这一现象的发生，需要我们有意识地变换同一场所种植蔬菜的科和种类，这种方式称为轮作。

在制订栽培计划时，需要将轮作考虑进去，将想要栽培的品种、从开始播种到定植的时间、采收时间等制成一览表，并要好好思考一下在哪片区域种植哪种蔬菜才可以均衡地进行轮作。

	第一年		第二年	
	春~夏	秋~冬	春~夏	秋~冬
A区	番茄 茄子 青椒	白菜 西蓝花	圆生菜 水菜 芋头	萝卜 蔓菁
B区	马铃薯	甘蓝 胡萝卜 葱	毛豆 四季豆	菠菜 小松菜 茼蒿
C区	秋葵 毛豆 四季豆	菠菜 小松菜 茼蒿	马铃薯	甘蓝
D区	黄瓜 南瓜 苦瓜	圆生菜 蔓菁 水菜	玉米	豌豆 蚕豆
E区	玉米	萝卜	番茄 茄子 青椒	胡萝卜
F区	芋头	豌豆 蚕豆	甘蓝 蔓菁	圆生菜 水菜 大蒜

进行轮作的方法 A区，按第一年的春~夏、秋~冬→第二年的春~夏、秋~冬的顺序，各选择一个品种进行栽培的话就可以构成轮作。

专栏 ## 防止连作危害

在同一场所连续栽培同一科的蔬菜，称为连作。一旦连作，收获量就会突然减少，病虫害的发生也会迅速增多。这是由于同一科的蔬菜，只吸收自己喜欢的营养成分，导致土壤中的养分和微生物的平衡被破坏而造成的。也就是说，栽培蔬菜的土壤中含有的养分和微生物群发生了极度的偏向。

这种偏向正是诱发疾病的原因。为了防止这点，需要不断变换栽培的蔬菜品种，从而使其均衡吸收土壤中的养分，这种方式就是轮作。轮作是防止出现连作危害的最好方法，因此在制订栽培计划的时候，把轮作的计划放在心上至关重要。

年间栽培计划月历

此月历以日本关东地区周边（气候类似我国长江流域）的露地栽培为基准，标识了近 60 种蔬菜比较容易进行播种、定植的时期。具体内容请参考种子袋上面的说明。

蔬菜 ＼ 月	1月	2月	3月	4月	5月	6月	7月	8月	9月	10月	11月	12月	页码
白菜	■	■						■	■	■	■		P173
白瓜				■	■		■						P56
抱子甘蓝	■	■	■				■				■		P186
扁豆				■	■					■			P136
菠菜			■(春播)	■	■	■		■(秋播)	■	■	■		P195
蚕豆					■					■	■		P138
草莓				■	■					■			P142
葱		■					■			■			P124
大蒜					■				■	■			P160
冬瓜				■	■		■						P50
番茄													P72
佛手瓜				■	■					■			P55
甘长辣椒				■	■		■	■	■	■			P84
甘蓝	■		■(春播)	■	■		■(夏播)	■			■		P182
红薯													P110
胡萝卜		■(春播)	■	■		■(夏播)	■		■	■			P154
花生					■					■			P92
花椰菜													P192
黄瓜				■	■	■							P40
韭菜				■	■								P170
韭葱				■	■		■	■					P168
苦瓜				■	■								P52
辣椒				■	■		■	■	■				P86
芦笋				■	■	■							P132
萝卜			■(春播)	■		■		■(秋播)	■		■	■	P146
落葵					■	■				■			P172

播种　定植　收获

11

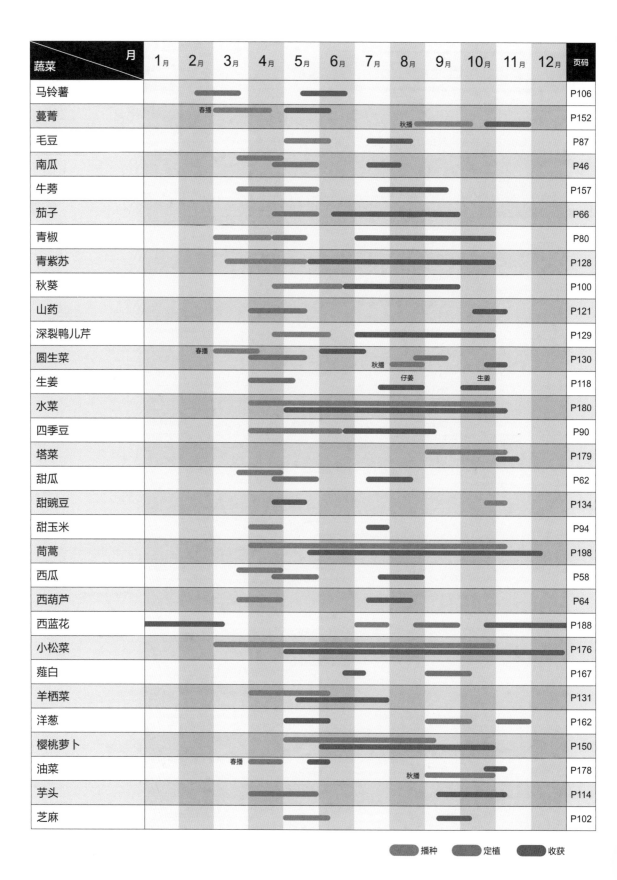

蔬菜 \ 月	1月	2月	3月	4月	5月	6月	7月	8月	9月	10月	11月	12月	页码
马铃薯													P106
蔓菁		春播						秋播					P152
毛豆													P87
南瓜													P46
牛蒡													P157
茄子													P66
青椒													P80
青紫苏													P128
秋葵													P100
山药													P121
深裂鸭儿芹													P129
圆生菜		春播					秋播						P130
生姜							仔姜		生姜				P118
水菜													P180
四季豆													P90
塔菜													P179
甜瓜													P62
甜豌豆													P134
甜玉米													P94
茼蒿													P198
西瓜													P58
西葫芦													P64
西蓝花													P188
小松菜													P176
薤白													P167
羊栖菜													P131
洋葱													P162
樱桃萝卜													P150
油菜		春播						秋播					P178
芋头													P114
芝麻													P102

播种　定植　收获

12

PART
1

BASIC KNOWLEDGE OF GROWING VEGETABLES

蔬菜栽培的基础知识

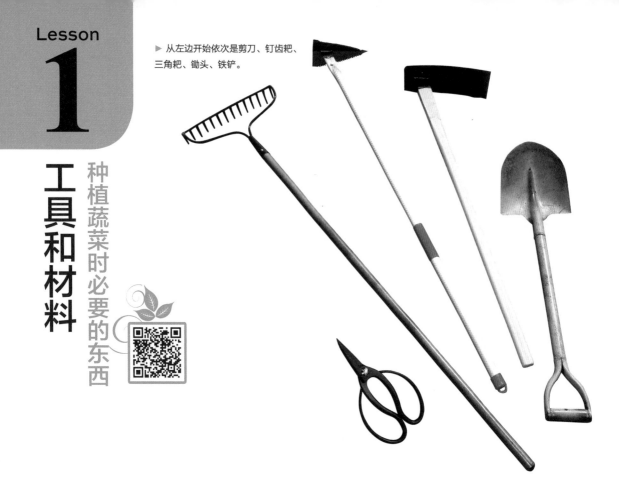

▶ 从左边开始依次是剪刀、钉齿耙、三角耙、锄头、铁铲。

种植蔬菜，需要一些必要的工具和材料。最初需要准备的工具并不多；有的时候收集了专用工具但却用不到，因此按需购买就可以了。

起步阶段需要准备的基本工具

蔬菜的种类不同，需要准备的工具就不一样。首先需要准备的工具是锄头、铁铲、钉齿耙、三角耙、剪刀或其他切削类工具、小铁锹，其次是测量畦宽的尺子、盛肥料或装小东西的桶、浇水用的喷壶。有这些工具就足够了。

材料方面，首先需要准备支柱和引导用的绳子。像薄膜、无纺布、寒冷纱等材料，虽然并不是没有这些材料就绝对不能种植蔬菜，但是这些材料对于蔬菜的顺利生长、实现无农药栽培来说却是必不可少的，因此有必要根据需要进行准备。

对工具和材料注意进行保养，就可以长期使用。使用完毕后应清洗干净，存放于干燥的地方进行保管。剪刀类的工具，不要忘记经常上点油。

种植蔬菜时需要的工具

种类	特征
锄头	在蔬菜种植中使用得最多的工具，如垄作、培土、整地等，使用范围很广
铁铲	翻土、挖沟、收割薯类的时候使用。前部尖的铲子比较好
钉齿耙	做畦时翻整土地，拢草时可以使用
三角耙	刀刃呈三角形。播种时挖沟、播种后培土的时候很有用处
剪刀类	采收或者剪切绳子、薄膜等时使用
小铁锹	定植幼苗、挖小栽植穴、搅拌土的时候使用
喷壶	播种或者浇水时使用
刀类	采收或者剪切绳子、薄膜等时使用
桶类	运送肥料、水、小物件时使用

蔬菜基本上是在土壤中培育的。蔬菜在土壤中根量的多少，将直接影响收获量的多少。抑制病虫害的发生，维持健康的状态，也得依靠土壤。因此，培育土壤对于种植蔬菜来说是最重要的工作。

土壤的活力靠生物来创造

土壤里面，除了土粒、水、空气，还存在有机物和微生物等生命体，可以说是土壤生命的宝库。仅仅只有土粒、水和空气的话，只能被称为与岩石、砂子、黏土一样的"矿物"，跟土壤是两回事。只有充满生命力的土壤存在，作物才能够在里面生存。在土壤里生存的霉菌、细菌等微生物不仅可以分解堆肥等有机物，而且死亡后可以变成腐殖质，它就像胶水一样能将土壤中的土粒黏结到一起，既保持了良好的排水性和通气性，同时也有利于形成具有保水力的土壤构造。简言之，我们只要准备好微生物等生命体可以舒适生存的环境就可以了，土壤中的微生物等可以令土壤充满生命力。

▲ 好的土壤，捏成团时，用手指按压便会粉碎。

Lesson

2

栽培中最重要的工作

培育土壤的基础知识

◀ 黏土质地且较干的土壤，通过添加有机物的覆盖法，也可以逐渐变成好的土壤。

增加腐殖质

土壤中的动植物、微生物的残骸，在土壤中被分解后又变成新的有机质。这些有机质经过长时间化学反应而形成的黑色物质被称为腐殖质，多存在于那些聚集有堆肥、腐烂的落叶等土壤渗出来的黑色液体里。

腐殖质是土壤中作物养分的储藏库。以有机物的形态储藏于腐殖质中的养分，通过微生物分解为无机物，而被作物吸收利用。

很多栽培的工具书里讲到，为了增加腐殖质，应在土壤中多加入有机的且质量好的堆肥。但是在这里，提醒大家理解堆肥并不等于腐殖质。

堆肥这种有机物，如果抛开可以改善土壤的通气性、排水性、保肥性等性能外，它不过是增加了土壤中腐殖质的原料——微生物，也就是说不过是饲料罢了。因为是饲料，所以每次都得施入堆肥。

通过堆肥增加腐殖质的方法

▲ 将树木的修剪枝、树皮、落叶或者杂草等当作堆肥进行保存，随时备用。

▲ 栖息于有机物堆积处的甲虫幼虫，能够分解有机物，帮助增加腐殖质。

▲ 利用堆肥等有机物进行地膜覆盖，不仅可以防止土壤干燥，抑制杂草生长，还可以增加腐殖质，改良土壤环境。

专栏 **免耕栽培的方法**

当没有过多时间进行栽培管理时，可以采用不把畦拆毁，而是在同一片畦里多次进行种植的免耕栽培的方法。免耕耕地的优点是排水好，即便根量少，也能向坚硬的地层延伸。新移植的蔬菜的根，可以循着前茬作物根的痕迹深深地遍布。另外，由于没有耕作，深层的土壤环境比较稳定，对于根也不会造成太大负担。一般来说，免耕耕地里作物的生长比较稳定，有活力而且比较强健。只是，收获量有减少的倾向。

但是要注意，萝卜、牛蒡、红薯、胡萝卜、马铃薯等免耕栽培时发生畸形或者造成根裂的可能性比较高，因此免耕栽培不适合这些作物。

▲ 在免耕地里栽培番茄，没有问题。

▲ 根菜类要好好进行耕作，以防止对根部产生危害。

翻土的方法

❶ 在预计栽培的地方挖 50~80 厘米深的沟。

❷ 将深层的硬土或者黏土层挖出。

❸ 挖深约 60 厘米的沟。距表面 20~30 厘米的土被称为耕作土，是栽培时需要利用的土层。

❹ 在与 ❶ 平行的地方进行挖土，投入最初挖沟的地方，从而将上下的土壤进行互换。

❺ 深层坚硬的土壤被挖出表面，完成上下互换。

通过翻土进行改良

当栽培场所是黏质土壤或者耕土比较浅，排水性比较差时，建议进行翻土，即挖至深度50~80 厘米，将被称为心土的病原菌较少的土壤层和表层土进行互换。

虽然单纯地进行土壤互换可以产生充分的效果，但这时如果投入矿物性土壤改良材料（如珍珠岩）、树叶堆肥、干燥生活垃圾等有机物并进行混合的话，效果会更显著。

进行物理改良，可以使土壤的排水性变好，并且微生物的生育层变广，移植后根的生育圈也会扩大。

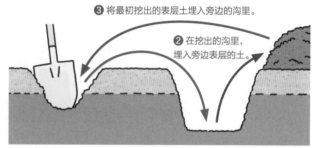

❸ 将最初挖出的表层土埋入旁边的沟里。

❷ 在挖出的沟里，埋入旁边表层的土。

❶ 挖掘至 50~80 厘米的深度。

▼ 耕耘机只耕土地表面 20~30 厘米处。重复这个工作，坚硬层就会渐渐地被耕到下层。

垄作和地膜护根

为了蔬菜的健康生长

▲ 家庭菜园，垄宽有 60~70 厘米就足够了。

　　垄是为了进行播种、定植而用土壤堆起来的地方，也被称为床。垄作就是指用铁锹或者耙子整理畦，因此也被称为"起垄"。

　　地膜护根是指在畦全体，或者定植后的蔬菜根部附近，用薄膜或者稻草进行覆盖的作业。

垄作的目的

　　垄作的目的是提高土壤的排水性或者通气性。另外，垄作还可以使定植、疏苗、除草等作业变得简单，同时也是使狭小的面积得以有效利用的方法。垄的高度和宽度，需要综合考虑蔬菜的种类、土质、日照、覆盖材料的规格等，如果是家庭菜园，通常垄宽保持在 60~70 厘米就可以了。

覆盖的材料和效果

　　覆盖地膜，一般是以抑制杂草生长、提高地温、抑制土壤水分蒸发、防止干燥为目的。另外，通过覆盖地膜还可以防止由降雨等导致的土壤变化，从而抑制病虫害的发生。

　　不同的地膜材料具有不同的作用，有的能防止害虫的侵袭，有的可抑制地温上升，因此根据蔬菜栽培品种、栽培时期的不同区别使用会比较好。

　　对于蔬菜栽培来说，覆盖地膜是很重要的作业之一，在这点上不要节省时间。

覆盖材料的种类和特征

种类	特征
普通薄膜	黑色薄膜抑制杂草生长的效果比较好；透明薄膜对于提高地温效果显著
反射薄膜	通过薄膜表面来反射紫外线，光可以照到蔬菜下叶，因此可以促进其生长发育，有预防害虫侵袭的效果。有黑白、银黑、银色等不同型号，按照反射效果的不同也有各种各样的品类。此外，还有抑制杂草生长的效果
分解性薄膜	土壤中的细菌或者紫外线会使薄膜分解，因此使用后的薄膜不需要进行焚烧处理。价格比较高，覆盖效果和普通薄膜一样
再生纸薄膜	目的是抑制杂草生长，有抑制地温上升的效果。能被微生物分解，用后回归土壤中
稻草等有机物	抑制地温上升、防止干燥、抑制杂草生长等效果较好。用后回归土壤中

黑色的聚乙烯薄膜

▼ 抑制杂草生长的效果好。使用固定薄膜的工具，会使薄膜和垄紧密贴合，效果更好。

固定工具

有孔的透明薄膜

▼ 提高地温的效果比较好。

专栏 # 有机覆盖物的效用

　　有机覆盖物具有抑制杂草生长、保温、防止水分蒸发等作用。除此之外，与落叶覆盖的土壤表面相似，其土壤温度的变化比较小，为小的昆虫和霉菌、细菌等微生物提供了最佳住处。覆盖有机物，不需要将土壤固定到一处，可促进土壤中的肥料成分慢慢被分解吸收，因此推荐大家使用。使用的有机物，以质量好的堆肥为佳，除掉的草、木材的木屑或者庭院里树木的木屑等也是不错的选择。

Lesson 4

播种和定植

各种播种方法和苗的定植

条播

条播是在土地表面挖沟，将种子排列成一排进行播种的方法。这种方法需要将沟稍微挖深一些。假设有 1~2 厘米的深度，沟的底部不会遇到风，也不容易干燥，是种子容易发芽的环境。菠菜、小松菜等叶菜类，以及胡萝卜等多用这种方法。

种植蔬菜，有在预计采收的场所直接播种的方法，也有先在容器里播种育苗或者购买幼苗后，再将它们移植（移植＝定植）到别处的方法。除此之外，还有扦插、分株种植等方法，因蔬菜种类不同而方法各异。

播种方法因蔬菜品类而异

我们首先掌握条播、点播和撒播 3 个基本的播种方法。

▲ 采用条播方式的菠菜幼苗。

专栏 **小种子就用"旋转捏播"的方式**

播种茼蒿、胡萝卜、蔓菁、韭葱等比较小的种子时，用拇指和食指捏住种子，向前方旋转着轻轻地滑动指尖。通过"旋转捏播"的方式，种子会均匀地落入沟中。

点 播

点播是考虑收获时期植株的大小，按照一定的间隔，在一处播入数粒种子的方法。这样可以节约种子，也可以使疏苗作业变得容易进行。点播是播种萝卜、毛豆、四季豆等豆类，或者黄瓜、玉米、白菜等蔬菜时常用的方法。

▲ 采用点播方式的萝卜幼苗。

撒 播

撒播是在垄上撒下种子的方法，种植生育期比较短的蔬菜、麦类或者莲花时使用。

◀ 采用撒播方式的黑麦幼苗。

准备大一些的聚乙烯容器（直径为10.5~12厘米），在容器内放入市面上售卖的播种用的培养土壤，进行播种育苗。之所以推荐这种方法，是因为这种方法既可以保温，也不占地方，还可以轻松地搬运或者进行浇水。

① 选择形状规整、充实饱满的种子，一粒粒按压入容器内。

▲ 真叶有 3~4 片时，可以进行定植。

② 当容器中幼苗叶子长大并且开始看到真叶时，就是进行定植的时期。

箱里育苗

准备泡沫塑料盒或者小型花盆，在里面放入培养土直接播种育苗。该方法使用的土壤量比较多，对于温度及土壤水分的变化可以灵活处理，浇水或者温度管理也能比较轻松地进行。在移植的数量比较多且场地充裕的情况下，采用这种方法比较好。

③ 从容器中取出苗，注意不要弄断根部，然后一株一株地定植入事先准备好的容器中。

苗的好坏决定了其今后的生长发育及收获量，从这种意义上来说，定植的重要性不言而喻，这是自古以来即被大家所熟知的。

尝试定植，就可以了解其发芽的生理或者生态情况，这是件令人开心的事情。只是发芽的时候需要高温，要注意有些品种如果不准备保温材料的话就会很难发芽。在移植数量比较少的情况下，建议购买市面上售卖的苗。

在这里，介绍一下比较容易掌握的定植方法。

幼苗定植的好处和时期

提前育苗后再把它植入地里，与直接播种相比，具有以下几点好处。

1. 可以筛选出长得好的苗。

定植苗　适不适合

适合的品种	不适合的品种
甘蓝	四季豆
南瓜	菠菜
番茄	萝卜
苦瓜	蔓菁
葱	樱桃萝卜
西蓝花	毛豆
西瓜	小松菜
茄子	胡萝卜
甜瓜	豌豆
洋葱	秋葵
抱子甘蓝	花生
黄瓜	水菜
青椒	牛蒡
西葫芦	甜玉米
圆生菜	油菜

专栏　把握好定植的适宜时期

市面上售卖的苗比适期早很多就已经被陈列在店里了。想早点吃或希望它早点长大而匆忙购入进行定植的话，遇到低温或者干燥而枯萎、受到虫害而全军覆没的情况时有发生。如果期待其慢慢地、健康地生长发育并且收获美味蔬菜的话，即便周围的人们都急着将苗定植，您也不要着急，等待定植的适宜时期是很重要的。

2. 可以在狭小的空间内集中进行栽培管理（浇水、加温、防治病虫害等）。

3. 气温低的时候提前育好苗，比直接进行播种收获要早。

但是，定植后会暂时改变苗的生长环境，有些品种的根部容易受到伤害，因此我们需要记住适合和不适合的品种。

定植时需要避免伤害到根部，不要把根部弄散了，这一点很重要。如果在定植时诱发创伤，会导致蔬菜生长发育延迟。

定植的方法

❶ 真叶有 3~4 片，适合进行定植的容器内的幼苗。

❷ 用手指夹住主茎，将容器倒过来取出苗。

❸ 挖一个比根部大的栽植穴，注意不要弄断根部，然后进行定植。

❹ 将土拨到根部，用手轻轻按压，完成定植。

Lesson

5

施肥的方法

适宜的种类、适宜的量、适宜的时期

给予土壤肥料称为施肥。播种、定植前施的肥料称为基肥，作物生长过程中施的肥料称为追肥。

基肥是以堆肥为代表的有机类肥料为主体，不足的部分通过化学肥料来进行补充，组合起来后进行施肥。需要追肥的时候，通常使用效果立竿见影的化学肥料。

基肥的施法因蔬菜不同而有所差异：菠菜、小松菜、蔓菁等短期内就可以收获的蔬菜，需要对垄进行整体的"全面施肥"；番茄、茄子、黄瓜、青椒等需要花费较长时间才能收获的蔬菜，需要在垄间挖沟，进行"垄间施肥"；卷心菜、白菜、西蓝花等蔬菜，则需要在垄的中央挖沟施"配合肥料"。不论哪种方法，都需要顾及蔬菜的扎根方式。

▲ 完成疏苗作业的垄。将疏过的苗（甜玉米）直接放置在垄上作为有机覆盖物进行活用。

▲ 追肥后，在垄上覆盖有机物，不仅可以防止肥料的流失和干燥，还具有抑制杂草生长的效果。

过度施肥是万病之源

如果用人来进行比喻的话，就像营养过剩会导致肥胖、诱发高血压和糖尿病一样，过度施肥也是万病之源。在作物的世界里，没有肥胖也没有减肥，有的是自然灾害，或者人为原因造成的"过度的灾害"。为了早点结果而频繁浇水或者施肥的话，根就会发出悲鸣。

母亲听到婴儿的哭泣声，便可以分辨出孩子究竟有什么诉求。种植蔬菜时也一样，根的"哀鸣"通过叶子的颜色或者植株的姿态可以进行判断。营养过度是禁忌，不论给水还是肥料都只让其"八分饱"就行了。

肥料不是给予，而是返还

与其说是施肥，不如说是把从土壤中夺走的肥料再返还给土壤，这样想也许更加合理。有些人因为害怕蔬菜遭受病虫害，所以以此为借口清扫田地，清理杂草和收获后枯萎的植株或根的残渣，把所有的有机物残渣全部清理到田地以外的地方。

然而实际上并不需要这样，而是可以将番茄的植株留在番茄地里，玉米的茎叶留在玉米地里……最终全部返还于土地。栽培并不是夺取，而是返还，这样的话就可以形成自然的循环了。

不在根部施肥

根部如果位于没有肥料的地方，就会不断伸展直到探寻到肥料，就好像舔食糖果一样，一点一点地去寻找营养。营养并不是谁给搬运过来的，而是自己去寻找，这才是自然界的法则。支持作物生命力的顽强的根，就好像野生动物在山野拼命追寻猎物一样，必须要果敢勇猛才行。

为了使这样的根自由自在地遍布在土壤中，应挖沟把肥料埋进土壤，故意把肥料隐藏起来，以便根自己去寻找。这其实是种聪明的做法。如果给田地全面施肥、追肥的话，一下雨肥料就会全部溶入土壤中，这样会对根部造成直接伤害。施配合肥料进行栽培，便不会对根部造成伤害，也可以说这是预防病虫害的最好方法。

但是，菠菜、小松菜等短期作物例外。如果不整体施肥的话，这些作物就不会丰产。

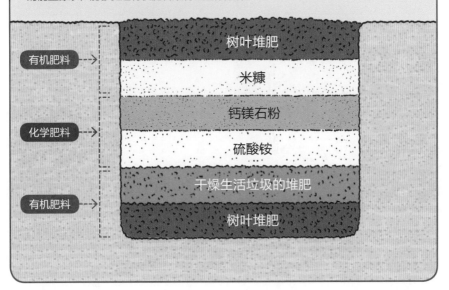

专栏

用有机肥料，将化学肥料进行夹层施肥

肥料大体上可以分为鸡粪、骨粉、油渣等有机肥料和硫酸铵、过磷酸钙、复混肥料等化学肥料。应依据栽培作物种类的不同，区分使用这两类肥料。

有机肥料因为见效慢，大多数情况被当作基肥来使用，不够的部分用化学肥料进行补充。这时的施肥要点是，要用有机肥料像三明治那样把化学肥料夹在中间。用有机肥料包裹住速效的化学肥料，不仅可以防止肥料流失，而且化学肥料也是微生物群的能量源泉，能够促进有机肥料顺利地进行分解。

有机肥料 → 树叶堆肥

米糠

钙镁石粉

化学肥料 → 硫酸铵

干燥生活垃圾的堆肥

有机肥料 → 树叶堆肥

▼ 在定植后进行追肥。

▲ 在计划种植番茄的地方，在垄的深处施入基肥。

▲ 寻找肥料而伸展至垄间的番茄根。

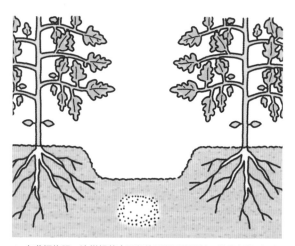

▲ 在垄间施肥，这样根就会不断伸展以寻找肥料。这种方法对于长时间栽培的果菜类蔬菜有显著效果。

有机肥料的陷阱

当我们听到有机栽培、有机蔬菜时，就会联想到既安全又好吃。这种想法其实是错误的，并非只要是有机肥料就什么都是好的。应该使用的并不是腐败的有机肥料，而是经过发酵的有机肥料。另外，质量好的有机肥料，如果使用过度的话也会出现相反的效果，甚至产生毒素。

有机肥料对于害虫来说也是很舒服的住所。质量好的有机肥料，就像味噌、酒的酿造一样，要经过发酵的过程，这样害虫才基本上不容易靠近，味道也好闻。腐败的有机肥料则会长虫子，还会

配合肥料的施用方法

❶ 在垄的中间挖沟，首先施入有机肥料或者见效慢的干燥生活垃圾。

❷ 再施入过磷酸钙、硫酸铵或者钙镁石粉等化学肥料。

❸ 重新埋入土壤，起垄。

散发恶臭。

投入有机肥料的时候，为了不让它成为害虫的住所，可以把它用作配合肥料埋入土壤中。这是一种有效的方法。

另外，过度投入有机肥料会导致土壤中的氮素成分过剩，特别是叶菜类的蔬菜，会过度地吸收肥料，使得诱发癌症的硝态氮过度聚集在茎叶部，这点必须要注意。

肥料的区分方法

市面上售卖的肥料，依据相应的标准标注有各种各样的标识，专业用语很多，也比较难懂。

首先需要确认的是被视为作物三大营养素的氮（N）、磷（P）、钾(K)的含量和原料的种类（参见第29页的"肥料标识内容"）。

肥料的种类

肥料包括有机肥料和化学肥料，大致可以区分为：①促进堆肥等微生物活动的肥料；②用作基肥、追肥，提供蔬菜生长不可或缺的营养成分的肥料；③调整土壤酸度的肥料。可以将这些不同作用的肥料进行组合使用。

土壤改良剂

硅酸盐白土

柔软多孔的黏土，能将土壤从中性变成弱酸性，帮助土壤团粒化。使用这个的话就不需要钙镁石粉了，持久力效果是石灰的4倍。

堆 肥

发酵鸡粪

这是比较廉价的堆肥，石灰、磷酸和钾的含量比较多，有着其他有机肥料所没有的优良特征，在酸性倾向比较强的土壤中使用更为有效。

树叶堆肥

在树皮、木材加工时产生的木屑中加入鸡粪等，使之发酵，分解植物中的有害成分后而形成的堆肥，具有改良土壤的效果，也有一些肥料的成分。

剪枝堆肥

街道上修剪的树枝、树皮、枯草等堆积而成的堆肥。作为有机物覆盖材料也较好。

专栏

活性剂、营养剂的使用方法和注意事项

在市面上经常可以看到"植物活性剂"和"植物营养剂"等产品。这些产品并没有一个公共标准或肥料成分，也不满足肥料生产的标准要求。

其中的大部分产品声称可以让作物吸收氨基酸或者矿物成分等微量元素，提高作物对病虫害的抵抗能力，让作物变得更美味。

就跟维生素或者滋养强壮剂一样，仅仅只靠活性剂或者营养剂的话，就会导致肥料不足。所以不要被商品名称所诱惑，为了保证作物的生长，需要将其与肥料并用才行。

追肥、基肥

蔬菜专用肥料
复合肥料，可以基肥、追肥一并使用。

过磷酸钙
以水溶性的磷酸钙为主要成分的速效性肥料。

硫酸铵
成分是硫酸铵。作为速效性的氮素肥料，可以基肥、追肥一并使用。

钙镁石粉
主要成分是钙，用于中和酸性土壤。

其 他

干燥生活垃圾
用家用的干燥式生活垃圾处理机处理的干燥物。作为基肥，与堆肥或者肥料一起埋入土壤。虽然依生活垃圾的材料不同而有所区别，但是整体而言氮素成分比较多。

生活垃圾的发酵液
从家用的生活垃圾发酵容器中取出的发酵液，富含有机质的肥料成分和活的微生物。稀释 100 倍后用喷壶喷洒在作物根部，或者用喷雾器喷洒在叶子表面。

▼ 不要总是急着"早收获""多收获"，注意不要过度施肥。

肥料标识内容⊖

登记号码	生第 ××× 号
肥料种类	复混化肥
肥料名称	含有有机物的复混肥料 1 号
保证成分量	氮全量　5.0
	磷酸全量　7.0
	水溶性磷酸　0.5
	钾全量　4.0
	水溶性钾　2.5
	水溶性氧化镁　0.1
原料种类	尿素，骨粉，动物渣 粉末类，复混肥（使用的着色材料）
材料种类	炭黑
净重	20 千克
生产年月	记载于包装袋上
销售者名称及住址	×× 肥料贩卖株式会社　东京都 ×××
制造事业所名称及所在地	×× 株式会社 ×× 工厂　静冈县 ××××

净重量的 5% 是氮素成分

从使用得多的原材料开始记载

记载着制造过程中使用的肥料成分以外的其他材料名

⊖ 建议读者在选购肥料时，参照我国的《肥料标识　内容和要求》标准（GB 18382—2001）。——译者注

培土、中耕和除草

认真管理土壤的状态

▲ 芋头的培土，将土覆盖于根部。

► 使用铁锹进行甜玉米的中耕和除草作业。

▲ 除草尽可能在早期进行。

　　培土是指在疏苗或者追肥的时候，将土拨到根部的作业。培土的目的是防止幼小的植株翻倒，防止马铃薯、红薯、胡萝卜等植株的根部因受到阳光直射而变色。

中耕，借助微生物的力量

　　中耕的目的是为了把坚硬的土壤表层弄碎，使其通气性或者排水性变好。但是如果中耕的次数太多，或者耕得太深的话，会弄断好不容易长大的植株的根，因此只要轻轻拨动土壤表层就行了。

不要带走已经除掉的草

　　除草要在杂草结籽前进行，如果错过这个时期，草籽就会落下。当遇持续干燥时，如果将地里的草

▲ 除掉的草不要带走，可以作为有机物覆盖土壤，或者作为堆肥使用。

❶ 大小均一的植株保持等株距。

❷ 其他的拔掉或者用剪刀从植株上剪掉。

专栏 **中耕作业比较困难时，有机物护根更有效果**

中耕是为了使土壤的通气性更好，当植株长大后，要避免割掉重要的根，这时作业会比较难以进行。若在垄上整体覆盖有机物，使微生物、蚯蚓等繁殖，让它们营造空气的通道，便可以替代中耕的工作。

去除干净的话，会使土壤变得更加干燥。所以除草后可把草放在地表，这样可以防止土壤干燥。

另外，不把除掉的草从田地里带走，它们就可以作为有机覆盖物或者作为堆肥的材料使用。把它们放在通路或者铺在垄间的话，就会营造跟杂树林一样的环境，可以保护土壤环境以防过度潮湿或者过度干燥。

疏苗的时期

疏苗是指为配合植株的成长，逐渐拓宽株距的工作。刚刚发芽的幼苗，挨得紧一些可以防止被风吹倒。但是长大以后，狭小的空间会使通气性变差，植株也会因茎和枝干伸展过长而生病。疏苗的次数跟作物种类有关，但通常到采收为止要进行 2~3 次疏苗。

搭立支柱、引导、整枝

有效地进行栽培管理和收获作业

蔬菜中的叶菜类和根菜类并不需要特别搭立支柱，但是像番茄等果菜类和四季豆等豆类，如果放任其生长的话，遇到风雨就会导致茎叶折断，而且藤蔓朝四面八方肆无忌惮地生长，一旦发生病虫害也没办法处理。因此，种植这些蔬菜作物就需要搭立支柱引导其茎叶的生长，并且进行固定和整枝，以便于采收。

搭立支柱的方法

藤蔓性蔬菜和大部分果菜类，需要搭立支柱进行栽培。这并不只是为了节省空间才进行立体栽培，也是为了使日后的整枝等栽培管理和采收作业可以轻松进行，同时使叶子充分受到日照。

搭立支柱的方法多种多样，常用的为合掌式和直立式。近年来，利用导管的拱门式越来越多。

支柱的搭立方式

将支柱斜着插进土中，在上面进行交叉，在交叉的地方横着搭立1根支柱进行固定。这样的支柱耐风雨，承重大，适合番茄、黄瓜、苦瓜等蔬菜的种植。

合掌式

直立式

豌豆、四季豆等藤蔓性蔬菜，栽培时间比较短，使用简单的直立式支柱就可以。但是，直立式支柱不耐强风，若横着搭上1根支柱进行强化的话比较好。

拱门式

由轻量的导管组装成的拱门式支柱非常坚固，同时也可以确保垄的空间，使得栽培管理工作得以轻松进行，适合番茄、黄瓜这类栽培期比较长的果菜类蔬菜的种植。

引导的方法

将茎部固定在支柱上的作业称为引导。为了保证叶子整体受到日照，需要用塑料绳或者麻绳等将植株均衡地固定在支柱上。

茎叶会随着生长而变粗大，为了保证茎部有一些宽裕的空间，应将绳子以 8 字样交叉打结绑在支柱上。

整枝的方法

整枝，就是整理枝叶，是为了使作物可以确确实实坐果而进行的不可缺少的工作。整枝的主要目的如下：

1. 保证枝叶的日照和良好的通风性，使得光合作用充分进行，果实可以吸收到充分的养料。

2. 预防病虫害的发生。

3. 对于藤蔓性蔬菜而言，容易长出果实的枝叶起着决定性作用，整枝可以促进这些枝叶的生长。

4. 茄子在生长过程中容易出现疲惫现象，因此采收过后进行整枝，让植株进行休养后，可以促进新叶的生长，从而可以再次收获品质优良的果实。

引导的方法

▲ 在支柱和茎之间，用绳子以 8 字样交叉打结。

▲ 除了绳子外，也可以使用橡胶材料的工具。

整枝的方法

▲ 对过了采收期的茄子进行整枝，可以促进新叶的生长，从而可以再次收获品质优良的果实。

▶ 剪掉苦瓜根部附近长出来的侧枝，以保证良好的通风。

覆盖无纺布和隧道式栽培

利用园艺材料守护蔬菜

覆盖无纺布的方法

❶ 播种后不久，将无纺布覆盖在垄上面。

❷ 为了防止被风吹飞，应固定四周。

覆盖材料的种类和特征

种类		效果	透光率	特征
无纺布	长纤维无纺布	保温、防虫 抑制水分蒸发 防风	80%~90%	廉价；虽然保温性好，但是透气性差；高温的时候需要特别注意
	短纤维无纺布	保温 防虫 防风	80%~90%	耐用年数长；温度低的时候会收缩，因此夜晚的保温效果比较好，但是也容易导致环境温度低下
寒冷纱		保温、防虫 抑制水分蒸发 防风、防霜冻	70%~80%	通气性、吸水性较好，可以防止强光照射，是保温、防霜冻效果好的万能材料

　　市面上有种类繁多和用途各异的园艺材料。这里我们介绍一部分可以调节栽培环境的光和温度，在刮强风时保护植株，以保护植株免于虫害和鸟害为目的而使用的材料。如果能够物尽其用的话，也许您还会对它们给作物发育状况所带来的效果目瞪口呆。

覆盖材料和使用方法

　　所谓覆盖材料，就是指用无纺布或者人造纤维制成的网覆盖在垄上或者地表。有直接覆盖在地表的方法，也有稍微留一些空间进行覆盖的方法。

　　虽然用于覆盖的材料很薄，但是它们在播种及后期植株的健康生长中，会发挥

隧道式栽培的材料种类和特征

种类	特征
普通薄膜	保温效果很好，但是没有通气性，因此早晚需要换气
有孔薄膜	保温效果略差，但是省去了换气的工作
防虫网	保温、防风效果好，通气性也不错；网眼越小，防止虱子、苍蝇等小型害虫侵害的效果越好
遮光网	以遮光为目的，遮光率50%~90%，根据栽培品种和时期的不同区分使用；同时具有防虫、防风的效果
寒冷纱	在具有通气性、吸水性及能够遮光的同时，也具有保温、防止霜冻的效果，是一种万能材料；其织法和颜色也有很多种类可以选择

隧道式搭棚的方法

❶ 将搭棚用的支柱插进垄的四周后，再在上面覆盖寒冷纱。

❷ 固定棚的两端。

❸ 为了防止风将寒冷纱吹飞，应将搭棚支柱倾斜着插入寒冷纱中。

▲ 在棚里栽培的青菜和圆生菜。若使用小网眼的防虫网，可以实现无农药栽培。

超乎想象的作用。

隧道式栽培的材料和使用方法

隧道式栽培，是指在花盆或者垄上搭建支柱，在上面覆盖无纺布等材料进行栽培的方法。因为最终完成的形状跟隧道一样，所以被称为隧道式搭棚栽培。

寒冷纱和无纺布，主要作用是防止强日照、干燥、虫害等。塑料薄膜或者聚乙烯薄膜等，主要作用是保温，所以即便是在寒冷的季节，在棚内也可以进行蔬菜栽培。

通过搭棚材料、覆盖材料、有机材料等的并用，可以达到减少农药使用量的效果。

另外，菠菜、小松菜等叶菜类，如果从播种开始到采收为止一直在棚内进行的话，实现无农药栽培也是很有可能的。

防治病虫害

不能总是依靠农药

一旦发现害虫的卵或者幼虫，就应该立刻清除，这是最好的方法。用黏黏糊糊的胶带粘虫卵或者蚜虫、叶螨等害虫，会达到意想不到的效果。

活用无纺布和寒冷纱

寒冷纱和无纺布，跟我们穿的衣服材料差不多。热的时候我们穿 T 恤，冷的话则穿毛衣。如果活用这些材料的话，就可以保护蔬菜免受强光的直射，并且防暑、防寒，还具有防止害虫侵害的效果，甚至可以实现无农药栽培。

寒冷纱有白色和黑色两种，一般白色的遮光率为 25%，黑色的遮光率为 50%。在遮光的同时还有保温效果，7 月的时候覆盖黑色的寒冷纱，可以增加 10 月或者来年 4 月的日照热量；覆盖白色的话，可以增加 9 月或者来年 5 月的日照热量。

病害的种类	
病毒	当感染病毒的时候，植株生长点附近的新叶会萎缩，果实出现畸形，植株整体会呈现皱皱巴巴的样子。如果将感染病毒的植株放置不管的话，该病就会通过蚜虫继续传播，造成更大的危害。所以需要在进行焚烧处理的同时杀死蚜虫
霜霉病	叶子表面出现浅黄色斑点，慢慢扩大，严重的时候叶子枯死。如果遇持续阴天或者雨天，植株也会萎蔫
白粉病	叶子表面就好像覆盖了一层白粉一样，出现覆盖有白色霉的症状。春天，氮素肥料施用过多、日照不足、天气持续干燥的时候容易多发

▲ 覆盖寒冷纱的隧道式栽培。

害虫的种类

黄守瓜

幼虫吃黄瓜、南瓜等瓜科的细根，严重的时候会导致植株枯死。4 月中下旬时，成虫会一起飞过来食害叶子。

蚜虫

群居寄生在新叶、花、花蕾等地方，吸食汁液，会传播没办法解决的病毒。应用胶带纸早点进行捕杀。

黏虫

春天到秋天都会发生。杂食性，吃嫩芽、叶、果实等。植株受害面积会迅速扩大，因此在其尚是幼虫的时候就应该处理掉。

植物的相容性

适合的组合	
不同科的植物	●茄科和百合科 ●禾本科和十字花科 ●禾本科和豆科等
生长发育期短的植物和生长发育期长的植物	●小松菜和葱 ●生菜（适合做沙拉的）和玉米等
叶菜类和根菜类	●菠菜和牛蒡 ●菠菜和芋头等
植株高和植株低的植物	●小松菜和玉米 ●韭菜和黄瓜 ●韭菜和番茄等
喜光的植物和弱光也能生长的植物	●四季豆和深裂鸭儿芹 ●茄子和深裂鸭儿芹 ●黄瓜和深裂鸭儿芹等
喜高温和厌高温的植物	●豇豆和小松菜、欧芹 ●苦瓜和小松菜、欧芹 ●秋葵和小松菜、欧芹等
讨厌病害虫的植物	蒜、葱、韭菜类，可以保护各种蔬菜和花朵免受病虫害的威胁。但是，对于豆类却有相反的效果，需要注意

相克的组合	
唐菖蒲和豆类	对四季豆、豌豆等豆类，有比较大的危害
洋苏草和黄瓜	洋苏草会抑制黄瓜的生长
蒜、葱类和豆类	蒜、葱类会抑制豆类的生长发育
薄荷类和樱桃萝卜	薄荷类会抑制樱桃萝卜的生长而降低其产量
向日葵和豆类、土豆	向日葵会影响豆类、土豆的生长发育
草莓和十字花科	草莓会妨害甘蓝、西蓝花等十字花科作物的生长发育

共生植物的活用

共生植物，是指比较适合一起栽培的植物。将共生植物一起种植，它们可以互相扶持，抵御病虫害。

利用共生植物，可以防止害虫的靠近，对于扎根或者色彩鲜艳的植物都有好处。有独特的香味或者臭味的植物，一般效果比较好。但是究竟依据怎样的比例进行混栽，还有很多不明确的地方，需要大家在实际栽培中注意。

比较推荐的是葱和韭菜。它们从根里散发出来的成分，有抑制土壤传染性病原菌繁殖的效果，而且可以食用，因此一举两得。但是豌豆和甜玉米跟它们一起栽培则不太适合，一起种的话反而会导致自身的生长发育变差。共生植物也是要进行选择的，因此需要特别注意。

▶ 在田地里自生自灭的葱，它根部的成分有抑制土壤传染性病原菌繁殖的效果。

利用食品的避忌效果

将我们身边的食品或者植物中所含有的特异成分提取出，然后将它稀释并且散布，就可以起到杀菌作用，发挥避忌效果。但是，由于提取的原液的药效成分浓度比较高，如果不稀释而直接使用的话，会对植物本身造成伤害，因此要特别注意。在散布前，应在不会产生问题的场所进行试验观察，确保安全。

不论怎么样，这种方法都是为了避免害虫靠近，抑制细菌繁殖，类似中药一样的效果，并不是绝对性的杀虫、杀菌。如果遭受虫害比较大，需要采用化学药剂防治时，应去正规的农药商店购买相关农药，然后进行使用。

食品的避忌效果

辣椒含有的辛辣成分辣椒素和蒜特有的臭味成分大蒜素或者辣的刺激，对于杀菌或者驱虫都有显著效果。一般来说，通过熬制，或者将其浸泡在醋或者酒里，可以让这些有效成分散发出来。市面上卖的此类杀虫剂，用水稀释100倍后就可以使用了。

咖啡的豆渣

咖啡豆磨完剩下的渣，具有清除害虫的效果。土壤线虫、蚜虫讨厌咖啡豆中含有的咖啡因等成分，因此可将豆渣混入堆肥或者土壤中，厚厚地铺在蔬菜或者花的根部表层。

将食醋、料酒、蒜混合后进行散布，具有驱除蚜虫、青虫的效果。特别是会防止蝴蝶靠近，从而可以有效驱除其虫卵。

驱害虫散布剂的制作方法

1. 在食醋：料酒＝9：1的混合液里，加入磨碎的5~6片蒜。
2. 将原液过滤，取原液30~50毫升用1升水进行稀释后散布。

不易受害虫为害的植物

洋葱
有助于甘蓝、玫瑰、蚕豆等植物的生长发育，还有防虫效果。

牵牛花
缠绕上红薯、四季豆等，具有防虫效果。

金盏花
可以使番茄的味道变得更好，还可以预防豆类、马铃薯、玫瑰等植物发生虫害。

迷迭香
几乎不发生病虫害，还可以使菜粉蝶和夜盗蝶不敢靠近。

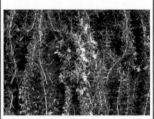

罗勒
可以使番茄或者茄子的味道变得更好，还可以减少西蓝花上面的幼虫、青虫。

百里香
招蜜蜂，但是可防止害虫靠近。有助于甘蓝、西蓝花等植物的生长。

PART

2

VEGETABLES THAT GROW IN THE SPRING

春作蔬菜的栽培方法

葫芦科

黄瓜

难易度
★★★

| 1 | 2 | 3 | 4 | 5 | 6 | 7 | 8 | 9 | 10 | 11 | 12 |

（月）　　　　　●播种　　●定植　　●采收

栽培月历

※ 不可连作（休息1~2年），但嫁接苗可连作。

直黄瓜和弯黄瓜的区别

瓜条顺直且美味的黄瓜，是果实和种子顺利生长的证据。其长势的好与坏，可在黄瓜的雌花上得以体现。

当黄瓜表面的小刺平均分布于瓜身，特别是集中于瓜身中间部分时，就会长成瓜条顺直且美味的黄瓜。当小刺集中分布于瓜身两端时，便是瓜条弯曲或者有苦味的信号了，不过可以通过施用以磷酸钙为主要成分的追肥来进行挽救。

专家支招栽培要点

肥料过多或不足，可以通过黄瓜藤蔓的生长方向进行判断。肥料不足时，藤蔓从正侧面向下生长；当水分不足时，就会呈螺旋状缠绕。

播种
- 容器移植 -

1 准备种子

黄瓜的种子因品种不同，大小各有差异，请尽量选择饱满的种子进行播种。

2 在容器中播种

将种子平的一面朝上，一粒一粒放进土里，并从上面轻轻地按压。

3 种子发芽

播种1周左右，种子发芽，2周左右长出子叶。

4 分株移植

长出真叶后，将苗从容器中取出。尽量不要伤害到根部，把苗一株一株分开，移植到事先准备好的容器中。

垄 作

1 挖沟并施肥

在计划移植的地方挖沟并施堆肥。

2 施基肥

在堆肥之后，将化肥、干燥生活垃圾及有机肥料作为基肥施入。

▼ 覆土，使其与肥料紧密贴合。

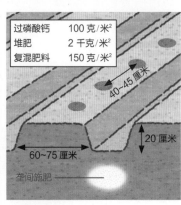

过磷酸钙	100 克/米²
堆肥	2 千克/米²
复混肥料	150 克/米²

40~45 厘米

20 厘米

60~75 厘米

垄间施肥

▲ 完成垄作。

3 平整畦

畦宽 60~75 厘米、高 20 厘米左右，用钉齿耙平整土地起垄。

专家妙招 计划种植 2 行时，垄宽应为 120 厘米。

定植

株距保持在 40~45 厘米，在移植的地方摆好容器。从容器中取出苗进行栽植。

40~45 厘米

▼ 一边按着植株的根部，一边取出苗。

▼ 栽植的时候注意不要弄断根。

定植苗的选择

幼苗长出 3 片真叶时，正是进行定植的时期。请选择子叶多且壮实的幼苗进行定植。

专家妙招

市面上卖的黄瓜苗，有对病害有抵抗力的嫁接苗。定植这种苗的时候，一定要把嫁接部分露出地表。

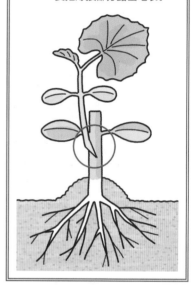

品种介绍

黄瓜是品种改良较好的一种蔬菜，因此有很多品种。可以根据栽培的时间或者场所，按照个人喜好选择品种。

四川

瓜条上有很多小凸起的短形品种，可以用来腌渍，也可以生吃。

长华 2 号

长条状的黄瓜品种，就算是瓜条长到 50 厘米以上，也不会变黄，口感比较好。不容易得白粉病或者霜霉病，比较容易栽培。

有机物护根和引导

1 浇水

定植后，用临时支柱支撑以防幼苗被风吹倒，并充分浇水。

2 铺有机覆盖物护根

浇水后，将稻草等有机覆盖物铺在土壤表面进行护根。

▼ 为配合植株生长，可用缠上绳子的支柱进行引导。

摘取雌花

在距离根部 5~6 个节间生长出来的小黄瓜或者雌花，会影响植株的生长，要尽早摘除。

专家妙招

配合苗的生长，间隔 40 厘米做绑缚进行引导。

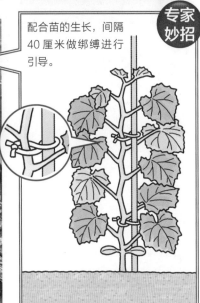

夏秋节成

植株节间比较短，因此不论进行摘心或者引导都比较容易，也不容易得白粉病，而且不论搭立支柱栽培还是匍地栽培都可以，是适合家庭菜园栽培的优良品种。

自由

瓜条表面没有小凸起，也没有黄瓜独有的涩味，适合拌沙拉或者腌渍。

日本小黄瓜

瓜条长 8~10 厘米的迷你黄瓜，可以整个进行腌渍，或者做成酱拌脆黄瓜。

追肥和浇水

专家
妙招
根据根的生长而改变追肥的地方，最初在垄的两端，第二次在垄间，逐渐远离根部。

1 追肥

根据植株生长发育状况，每个月在垄的两端追肥 2 次。

2 浇水

当遇持续干燥时，需要在垄间浇适量的水以保持土壤水分。

如何防止畸形果

弯曲的黄瓜，尾部过细或者过粗的黄瓜，都是土壤干燥和肥料成分不均衡导致的。因此可通过在基肥中充分投入有机物肥料，覆盖防止土壤干燥的有机物和浇水来预防。

采 收

当瓜条长度达 18~20 厘米时，就可以采收了。要趁还没有长到太大时进行采收。

专家
妙招
瓜条成长很快，如果是只能在周末进行采摘工作的菜园，即便是瓜条长得稍微小一些，也应当尽早采收，以防累及植株。

专家的智慧锦囊

当植株主蔓到达支柱顶端后，对其进行摘心，从而使一级侧蔓生长。继续追肥和浇水的话，还可以继续体验收获的喜悦。

不同的黄瓜品种，其坐果方式也不一样。在日本近几年栽培的品种中，果实表面呈现白色小刺的比较多。图中所示是这个品种的整枝方法。

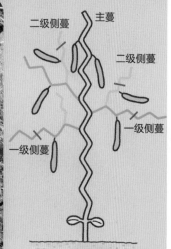

二级侧蔓　主蔓

二级侧蔓

一级侧蔓

一级侧蔓

第5节及其以下侧蔓全部摘除。其余藤蔓留下2片叶子后摘心。

病 虫 害 防 治

黄守瓜

幼虫在根附近的土壤中啃食根部，待成虫长到7~9毫米后，就集中在瓜类蔬菜的叶子上进行啃食，5月左右为该虫盛发期。

对策 将防虫网罩在植株的周围，可以阻断成虫的来袭。严重时可以用农药进行防治。

葫芦科

南瓜

难易度
★★☆

1	2	3	4	5	6	7	8	9	10	11	12

（月）　　　　　●播种　　●定植　　●采收

栽培月历

※ 不可连作（休息1~2年）。

口感软乎乎和稠糊糊是因为品种的不同

　　当南瓜果皮失去光泽，蒂的部分长出几根褐色的线直至茎时，就到了可以采收的时期了。推荐家庭菜园种植迷你南瓜。迷你南瓜结果后 35~40 天，大个儿南瓜结果后 45~50 天，进入采收期。

　　软乎乎和稠糊糊的口感，是品种不同所致。放置在通风好的阴凉处 4~5 天，南瓜就会变得特别甜、特别好吃。

专家支招栽培要点

授粉可以通过自然界的昆虫实现。当蜜蜂比较少的时候，可以在早上雌花开放的时候进行人工授粉，这样可以确保坐果。注意授粉工作应在较早的时间进行。

播 种
－ 容器移植 －

1 准备种子
南瓜的种子因品种不同，大小、形状各有差异，请选择中间饱满、不畸形的种子。

2 播种
准备容器。用手指将种子一粒一粒地按压至土中。

3 种子发芽
温度保持在 25~28℃，播种 1 周左右就会发芽，2 周后可以看见真叶长出来。

46

4 将苗一株一株地分开

将苗从容器中一株一株地取出，注意不要把根弄断。

5 移植入容器

准备直径为10.5厘米的容器，将一株一株分好的苗移植入其中。

移植后2周左右真叶展开，待真叶长出4~5片时就是该定植的时期了。

垄 作

1 施基肥

在计划定植的地方挖深约40厘米的沟，像制作三明治一样，依次投入堆肥、干燥生活垃圾、硫酸铵、米糠等。

2 起垄

将土重新埋入施基肥时挖的沟里。起垄，宽60~90厘米，高20厘米。

过磷酸钙	100 克 / 米²
堆肥	2 千克 / 米²
复混肥料	50 克 / 米²
干燥生活垃圾	500 克 / 米²
硫酸铵	50 克 / 米²

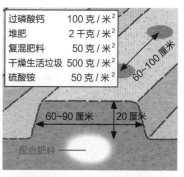

▲ 完成垄作。

定 植

1 摆放幼苗

株距最好为1米左右。当种植场所比较狭窄时，请确保株距在60厘米以上。

60~100 厘米

2 移植

挖一个比带土的根部还要大的穴，从容器中取出苗进行定植。

▼ 刚刚定植完的苗。

覆盖有机物护根

▼ 砍倒去年秋天播种的黑麦，代替铺的草来使用。

专家妙招 提前决定好种植藤蔓性蔬菜的场所，进入 11 月后在其周围播撒黑麦的种子。

覆盖整个垄

为了保湿和抑制杂草生长，用有机物覆盖整个垄。

摘 心

定植苗成活后，叶子长出来，如果采用双蔓整枝法，便保留 2 个子藤蔓，剪掉主蔓和其他侧蔓。

双蔓整枝法

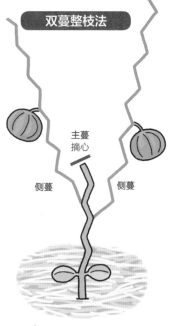

主蔓
摘心

侧蔓　　　　侧蔓

当真叶长出 4~5 片时，摘掉主蔓，保留 2 个生长旺盛的侧蔓，其他的都剪掉。

藤蔓的长势就是植株长势的判断依据

最理想的状态是藤蔓的尖端呈 45 度角生长。如果藤蔓长势朝下的话，说明肥料不足或者水分不足。如果朝上生长的话，说明生长过于旺盛，即便雌花开放也不会受精，落果的可能性比较大。

人工授粉

雌花受粉

天气不好，飞来的昆虫比较少时，可以在雌花开放的早期摘雄花进行人工授粉，以确保坐果。

▼ 没能受粉的雌花，幼果会变黄然后掉落。

采 收

1 采收时期

当果皮没有光泽，蒂的部分龟裂呈木栓化，木栓线到达主茎时，就可以采收了。

2 剪切

在距离蒂 2 厘米的位置进行剪切。

采收后的南瓜

刚采收下来的南瓜还不是很甜，将其放在通风比较好的地方 1 周左右，果肉的淀粉转化成糖分，就会增加甜度而变得格外好吃。

专家的智慧锦囊

迷你南瓜可以采用立体栽培

大型或者中型的南瓜品种，栽培时都需要占用比较大的地方，但是迷你南瓜即便是在狭小的空间也可以进行立体栽培。特别是"贝贝南瓜"，软乎乎的非常好吃，是值得推荐的品种。

葫芦科

冬瓜

难易度
★★☆

1	2	3	4	5	6	7	8	9	10	11	12

（月）

●播种　●采收

栽培月历

※ 可以连作。

采收时期可以参考开花后的天数

　　冬瓜耐热，对土壤的要求也不高，只要注意不过度施肥即可，是一种比较容易种植的蔬菜。

　　当长出5~6片真叶时，对主蔓进行摘心，留下3~4个侧蔓让其生长。这些侧蔓再长出来的枝蔓上会坐果。

　　开花后40~50天就是收获的季节了。当果皮上面包裹一层白色茸毛时就可以进行采收了，有些新品种没有这种白色茸毛，注意记好时间就行了。

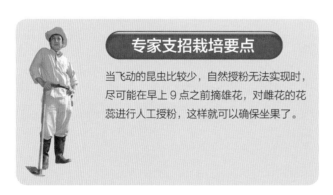

专家支招栽培要点

当飞动的昆虫比较少，自然授粉无法实现时，尽可能在早上9点之前摘雄花，对雌花的花蕊进行人工授粉，这样就可以确保坐果了。

垄 作

1 施基肥

在计划定植的地方挖深约40厘米的沟，施入堆肥、米糠、硫酸铵、过磷酸钙、干燥生活垃圾等作为基肥。

2 起垄

起垄，宽60~90厘米，高20厘米。

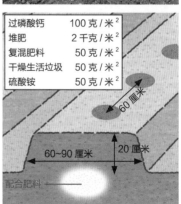

过磷酸钙	100克/米²
堆肥	2千克/米²
复混肥料	50克/米²
干燥生活垃圾	50克/米²
硫酸铵	50克/米²

60 厘米

60~90 厘米　　20 厘米

配合肥料

▲ 完成垄作。

播 种

▼ 准备种子。

1 播种

株距为 60 厘米，在一个地方分别放入 3 粒种子。铺上厚约 2 厘米的土，然后浇水。

2 盖上保温盖

盖上保温盖，可以保湿保温，促进发芽。

摘心和坐果

长出 5~6 片真叶时，剪掉主蔓，保留 3~4 个长得好的侧蔓，这些侧蔓再长出来的枝蔓上会坐果。

采 收

▼ 迷你冬瓜，开花后 40~50 天是收获的季节。

专家妙招

果皮上出现白色茸毛时就可以进行采收了。也有不长白色茸毛的品种，可以通过计算开花后的时间来判断采收时期，基本不会出错。

葫芦科

苦瓜

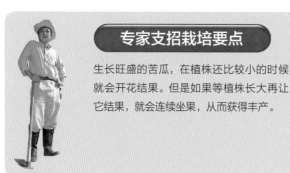

1	2	3	4	5	6	7	8	9	10	11	12

（月）　　　●播种　　●定植　　●采收

栽培月历

难易度
★☆☆

※ 不可连作（休息1~2年）。

耐暑且生长旺盛，需要认真整枝

苦瓜即便是放任不管也不要紧，基本上是在侧蔓上坐果。当真叶长出5~6片时，摘掉主蔓让侧蔓生长。因为是藤蔓性蔬菜，所以需要早点搭立支柱，根据生长发育的情况进行适当引导，以防止其互相缠绕在一起。

开花后20天左右是收获的季节。因为苦瓜植株生长比较快，结果也比较快，因此当果实长到20厘米左右就需要立刻采收了。注意不要采收晚了。

专家支招栽培要点

生长旺盛的苦瓜，在植株还比较小的时候就会开花结果。但是如果等植株长大再让它结果，就会连续坐果，从而获得丰产。

准备幼苗

一株植株就可以收获很多苦瓜，因此根据需要选择放入容器的幼苗量会比较好。

整　地

施基肥

挖坑，在坑里施入堆肥、干燥生活垃圾、硫酸铵等作为基肥，并埋上土。

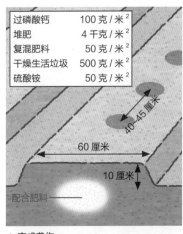

过磷酸钙	100 克 / 米²
堆肥	4 千克 / 米²
复混肥料	50 克 / 米²
干燥生活垃圾	500 克 / 米²
硫酸铵	50 克 / 米²

40~45 厘米

60 厘米

10 厘米

配合肥料

▲ 完成垄作。

定 植

1 移植
从容器中取出幼苗，移植入栽植穴的中央。

2 覆盖防虫网
移植后，为了防止害虫，用防虫网进行覆盖。

搭立支柱

▼ 作为引导，在每株植株旁立 1 根支柱。

摘 心

因为主蔓上的雌花比较少，当真叶长出 5~6 片时，对主蔓进行摘心。

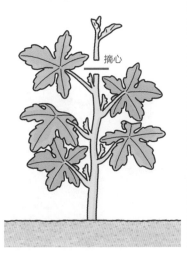

摘心

引 导

对主蔓进行摘心会促进侧蔓生长。为了避免大风使植株根部摇晃，需要用支柱进行引导。

引导的方法
呈 8 字状将绳子进行交叉。绳子可以留得长一些，并固定在支柱上面。

采 收

采收时期

中长品种的果实长到 20 厘米左右，长品种的果实长到 30 厘米左右时，就到了采收时期。把支柱搭成合掌式，整枝的时候就会比较轻松，采收也比较容易进行。

专家的
智慧锦囊

苦瓜长得比较快，注意不要采收晚了。

由于苦瓜长得比较快，在绿色还很浓的时期，就应用剪刀剪切，采收还没有熟透的苦瓜。

采收的苦瓜

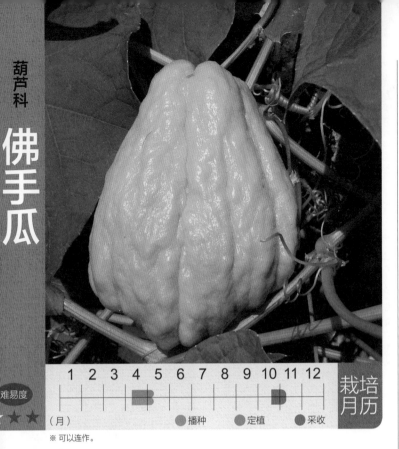

葫芦科

佛手瓜

难易度

★ ★

栽培月历

1	2	3	4	5	6	7	8	9	10	11	12

（月）　●播种　●定植　●采收

※ 可以连作。

9 月以后开花结果

　　佛手瓜可以直接利用果实进行移植。使用已经生长到 10 厘米的果实，将其一半横着，蒂部稍稍朝上，埋入土壤中。定植后如果不控制浇水量的话，会导致果实腐烂，需要特别注意。

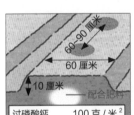

过磷酸钙	100 克 / 米²
堆肥	2 千克 / 米²
复混肥料	50 克 / 米²
干燥生活垃圾	500 克 / 米²
硫酸铵	50 克 / 米²

▲ 完成垄作。

专家支招栽培要点

摘掉主蔓，保留生长旺盛的 2~3 个侧蔓。当侧蔓长到 120~150 厘米长时，再次进行摘心，保留侧蔓上新长出来的 3~4 个枝蔓以用来坐果。

1 播种和定植

准备饱满的种瓜。在事先施肥且填埋好土的地方挖穴，将种瓜横着放入并埋土，使种瓜的一半埋入土中完成定植。

2 引导和摘心

当长出 2~3 个萌芽时，保留 1 个粗一些的芽，其余摘除，然后用支柱进行引导。当长到 50 厘米长时，摘掉主蔓。之后，再对长出来的侧蔓进行摘心。

3 发育和坐果

从春天到夏天植株茁壮成长，在秋天就会慢慢开花结果。

专家妙招

因为生长发育很快，所以要及早对藤蔓进行摘心，对植株做好整枝修剪工作。

4 采收

及早采收还没有长得太大的，果皮还比较软的幼果。

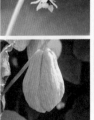

葫芦科

白瓜

难易度
★ ★ ★

| 1 | 2 | 3 | 4 | 5 | 6 | 7 | 8 | 9 | 10 | 11 | 12 | 栽培月历 |

（月）　　　　　　　　　　　●播种　●采收

※ 不可连作（休息1~2年）。

扩充株距，在三级侧蔓上坐果，可保证丰产

白瓜具有在三级侧蔓上坐果的特性，因此为了使三级侧蔓能够伸展开来，定植时的株距一般保持在60厘米以上。

通过反复摘心促进侧蔓生长。摘心的时候，为了维持光合作用，应最低限度保留尖端的2片真叶。

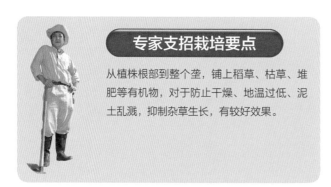

专家支招栽培要点

从植株根部到整个垄，铺上稻草、枯草、堆肥等有机物，对于防止干燥、地温过低、泥土乱溅，抑制杂草生长，有较好效果。

垄 作

1 施基肥

在计划进行定植的地方挖深约40厘米的沟，施入堆肥、过磷酸钙、硫酸铵、干燥生活垃圾等作为基肥。

2 起垄

重新埋土。起垄，宽60~90厘米，高20厘米。

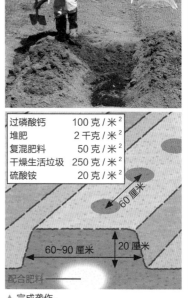

过磷酸钙	100 克 / 米²
堆肥	2 千克 / 米²
复混肥料	50 克 / 米²
干燥生活垃圾	250 克 / 米²
硫酸铵	20 克 / 米²

60 厘米

60~90 厘米　　20 厘米

配合肥料——

▲ 完成垄作。

播种和浇水

1 准备种子

市面上卖的种子，为了预防发芽早期的病害，已喷洒杀虫剂。

2 播种，覆盖土

株距保持在 60 厘米。在一个区域放 3 粒种子，盖上一层薄薄的土，然后用手轻压。

▼ 直接播种时，如果土壤干燥的话就会导致发芽不良，因此要充分浇水。

保 温

盖上保温盖

盖上保温盖进行保温。这也可以防止发芽初期的病虫害。

覆盖有机物

可以砍倒上一年秋天种下的黑麦代替稻草。另外，在垄的上面铺上有机覆盖物可以保持土壤的湿度，也可抑制杂草生长。

摘 心

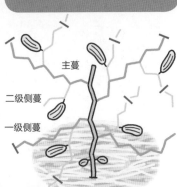

主蔓

二级侧蔓

一级侧蔓

专家妙招 当真叶长出 5 片时对主蔓进行摘心，让 4 个侧蔓继续生长。在侧蔓的第 8~10 节处进行摘心，让上面长出的侧蔓继续生长。在这些侧蔓上会开出雌花。

采 收

▼ 移植后 45 天左右，雌花开放。

采收时期

开花后，经过 15~20 天，果实长到 20~25 厘米长时，可以进行采收。

葫芦科

西瓜

1	2	3	4	5	6	7	8	9	10	11	12

（月）　　　　　　　　●播种　　●定植　　●采收

栽培月历

难易度
★★★

※ 不可连作（休息1~2年）。

防止枝叶过度繁盛，种植好吃的西瓜

西瓜的枝叶生长过于繁盛时，就会影响雌花的生长，就算是开花也开得比较小，而且还会导致雄花的花粉量变少，最终导致果实肥大和品质恶化。

西瓜的枝叶是否生长过剩，可以通过枝蔓的尖端到雌花的距离进行判断，60厘米以上属于生长过剩，20厘米以下则属于发育不良。当处于枝叶生长繁盛的状态时，可以通过给花多授粉以减缓其长势。

专家支招栽培要点

西瓜，在根部还没有枯萎的状态下收获的成熟果实肯定是好吃的。要注意选择排水和光照好的适合栽培的地方。

播 种
－ 容器移植 －

1 播种

将种子一粒一粒地种在准备好的容器中。在25~28℃的温度下，大概1周左右发芽。

2 移植到其他容器中

当子叶完全展开长出真叶时，将植株一株一株地分开，并且移植到其他容器中，继续培养。

▼ 成活后的植株真叶渐渐长大。

垄作

1 施基肥

在垄的中央挖深度 40 厘米以上的沟，在沟里投入堆肥、过磷酸钙、复混肥料等作为基肥。

2 填埋，起垄

填埋后起垄，宽 100~120 厘米，高 20 厘米左右。

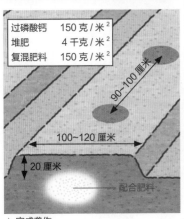

过磷酸钙	150 克 / 米²
堆肥	4 千克 / 米²
复混肥料	150 克 / 米²

90~100 厘米

100~120 厘米

20 厘米

配合肥料

▲ 完成垄作。

定植

选择苗

当自己播种培育的植株比较少时，可选择市面上已经种入容器中的植株进行栽培。

1 摆放苗

当植株长出 4~5 片真叶时进行定植。为了让枝蔓可以充分生长，株距可以稍微宽一些，90~100 厘米较为适宜。

专家妙招

一株上面可以结多少个西瓜，由定植的株距决定。小西瓜的话，1 米的株距可以采用三蔓整枝，这样 1 株可以结 4 个西瓜。

90~100 厘米

2 栽植

将栽植穴挖大，从容器中取出苗放入其中进行定植。

移植市面上卖的嫁接苗

当移植市面上卖的嫁接苗时，嫁接的部分必须要超出地表才行。

覆盖有机物
– 铺稻草 –

1 覆盖有机物

用有机物覆盖整个垄。这样可以保持土壤水分，同时也可以减少当枝蔓被雨水浇到时所受到的伤害。

2 生长发育状况

采用三蔓整枝法，留下主蔓和下面长出来的 2 个比较强壮的侧蔓。从下图中可以看到刚刚结果的雌花。

▼ 确认出现结了果的雌花后，注意不要弄伤果皮，在下面铺上垫子。

摘 心

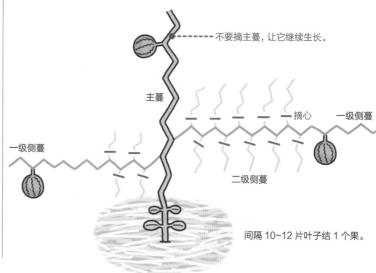

不要摘主蔓，让它继续生长。

主蔓

摘心　一级侧蔓

一级侧蔓

二级侧蔓

间隔 10~12 片叶子结 1 个果。

品 种 介 绍

全美 8K

口感非常好的大型西瓜。就算是盛夏时节，比采收期晚了 7 天，一样可以收获美味的西瓜。

美姬

球形、肉质稍微有些硬的小型西瓜。在地温较低或者日照比较少的环境下栽培也没问题。

L600

呈橄榄球形状，皮薄肉甜，口感非常好。

采 收

1 采收

授粉后经过 40~50 天就可以采收了。授粉并且确认坐果后，挂上标注有授粉日的标签。

专家妙招 蒂的茸毛开始脱落，缠绕在西瓜上的卷须枯黄的时候，就可以进行采收了。

2 剪切的时候留下蒂

剪切的时候稍微留一点蒂的话，可以减少对果实的损伤。

3 试切

作为尝试，可以将收获的西瓜切为两半。既有沙沙的感觉，同时又很甜，如果到这个成熟度就可以了。

变换西瓜的位置

为了去掉果皮表面的斑纹，或者防止长成畸形的果实，可以变换西瓜在地面上的放置位置。

专家的智慧锦囊 如果是不占地方的小型西瓜，也可以进行立体栽培。

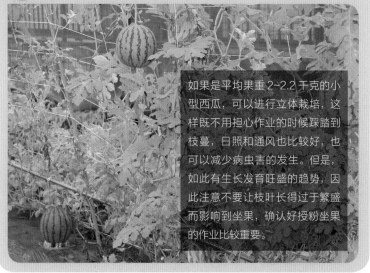

如果是平均果重 2~2.2 千克的小型西瓜，可以进行立体栽培，这样既不用担心作业的时候踩踏到枝蔓，日照和通风也比较好，也可以减少病虫害的发生。但是，如此有生长发育旺盛的趋势，因此注意不要让枝叶长得过于繁盛而影响到坐果，确认好授粉坐果的作业比较重要。

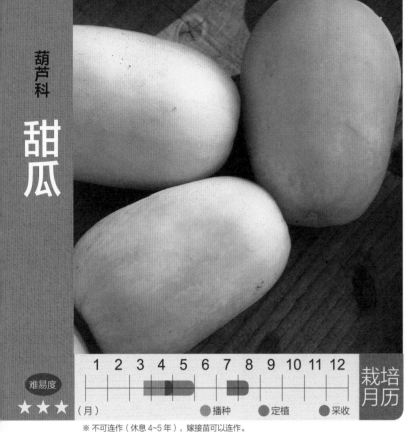

葫芦科
甜瓜

| 1 | 2 | 3 | 4 | 5 | 6 | 7 | 8 | 9 | 10 | 11 | 12 | 栽培月历 |

（月）　　●播种　●定植　●采收

难易度 ★★★

※ 不可连作（休息 4~5 年），嫁接苗可以连作。

挑战表皮光滑的无网纹甜瓜

　　网纹甜瓜是哈密瓜的一个品种，但其栽培条件，对给水等设施有较高的要求，因此建议家庭种植果皮光滑的无网纹甜瓜。由于甜瓜容易得枯萎病，所以建议大家购买嫁接苗进行栽培。

　　当日照不充分，飞动的昆虫少时，就不容易授粉，因此需要进行人工授粉以确保坐果。开花后 40~50 天就可以进行采收了。

专家支招栽培要点

由于甜瓜浅根性的缘故，其植株需要更多的氧气，因此需要留心通过堆肥等有机肥料的施入，以保持土壤通气性和排水性。

播种
－容器移植－

1 准备种子
甜瓜的种子和其他瓜科蔬菜的种子很相像。

2 播种
以 3~4 厘米为间距，用手指轻轻将种子一粒一粒地按入。

3 适合移植的苗
在 25~28℃的适温条件下，播种 2 周后就可以看到长出来的真叶。

4 移植入别的容器

看到真叶后，就可以将苗一株一株分开移植入其他容器中。

定 植

1 取出苗

当真叶长出 3~4 片时，就可以进行定植了。将容器倒过来取出苗。

2 栽植

在准备好的垄的栽植穴里进行定植。株距保持在 60~80 厘米。

过磷酸钙	150 克 / 米²
堆肥	4 千克 / 米²
复混肥料	100 克 / 米²
干燥生活垃圾	250 克 / 米²
硫酸铵	100 克 / 米²

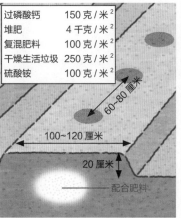

60~80 厘米

100~120 厘米

20 厘米

配合肥料

▲ 完成垄作。

保 温

盖上保温盖

定植后，为了防止害虫并促进植株生长发育，可以盖上保温盖进行保温。

坐 果

▼ 坐果后开始变大的幼果。

摘 心

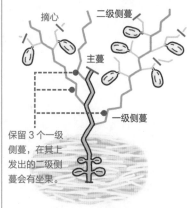

摘心

二级侧蔓

主蔓

一级侧蔓

保留 3 个一级侧蔓，在其上发出的二级侧蔓会有坐果。

采 收

采收时期

当果皮全部变黄后就可以采收了，时间大概在开花后的 40~50 天。稍微保存一段时间后，瓜果会变得更香，也会更脆更美味。

专家妙招

进入采收期时，蒂就能轻松地摘下来了。

葫芦科

西葫芦

难易度
★ ★ ★

| 1 | 2 | 3 | 4 | 5 | 6 | 7 | 8 | 9 | 10 | 11 | 12 |

（月）

● 播种　　● 采收

栽培月历

※ 不可连作（休息1~2年）。

生长迅速，一个接一个地收获

西葫芦不像南瓜那样可以长期保存，因此，新鲜与否就很重要。花枯萎后1周，果实长18~20厘米、直径为3~4厘米时，就可以采收了。也有在开花的幼果里塞入肉进行蒸煮的意大利风格烹饪方法。

坐果后生长很快，所以一定要注意避免采收迟了。由于西葫芦不耐干燥，因此可以在植株根部铺上枯草或者堆肥等有机物。

专家支招栽培要点

虽然不进行引导，任其生长也可以采收，但是由于植株被风吹后容易受损，因此可以在植株根部立1个短的支柱进行固定。

垄 作

1 施基肥

在计划定植的地方挖深40厘米左右的沟，投入堆肥、过磷酸钙、干燥生活垃圾等作为基肥。

▼ 施基肥后的状态。

▼ 进行填埋。

2 起垄

填埋后起垄，宽 60 厘米，高 20 厘米。

过磷酸钙	120 克 / 米²
堆肥	4 千克 / 米²
复混肥料	100 克 / 米²
干燥生活垃圾	250 克 / 米²
硫酸铵	25 克 / 米²

80~100 厘米

60 厘米　　20 厘米

配合肥料

▲ 完成垄作。

播　种

1 准备种子

西葫芦与南瓜是一类，但是种子呈细长形。应在地温上升的 4 月下旬～5 月上旬进行播种。

▼ 株距为 80~100 厘米，每处播种 2~3 粒。

2 给种子覆盖上土

铺上土，用手轻轻按压，使种子和土壤紧紧贴合。

发芽和生长

▼ 种子在播种后 10 天左右萌发长出子叶。

▼ 生长顺利，真叶长大。

采　收

采收时期

开花后 4~5 天，比黄瓜长得大一圈儿，长度在 20~25 厘米，就可以进行采收了。

▼ 蒂的部分留 2 厘米左右，进行剪切。

采收的西葫芦

西葫芦在开花后会很快长大，所以当时间不充分的时候，即便长得还比较小，也应当尽早采收。

茄科

茄子

难易度

★ ★ ★

| 1 | 2 | 3 | 4 | 5 | 6 | 7 | 8 | 9 | 10 | 11 | 12 |

栽培月历

●定植　●采收

※ 不可连作（休息 4~5 年），但嫁接苗可连作。

通过蒂和花萼来区分发育状况

　　茄子的蒂和花萼，可以保护花蕾、花、果实免于受到高温、干燥、强光照射的影响，同时也发挥着输送水分和养分的作用。如果从上面看蒂和花萼呈同心圆状的话，则表明种子生长得好，将来会结出美味的果实。

　　如果磷酸和日照不足的话，蒂和花萼就会变得不均匀，果皮的光泽也会变差，最后长成硬茄子，因此在栽培管理的时候需要多加注意。

专家支招栽培要点

7 月下旬 ~8 月上旬，由于枝叶变得繁茂，阳光照射就会变差。这时进行修剪，每枝保留 2~3 片叶子即可，如果侧芽得以生长，进入 9 月就可以收获美味的茄子了。

垄 作

施基肥

挖深度为 40~50 厘米的沟，将堆肥、有机肥料、过磷酸钙作为基肥施入。

▼ 重新埋入土，作为通道。

▼ 起垄，宽 60~75 厘米，高 20 厘米。

覆盖地膜

1 准备地膜

对于茄子来说，地温不上升的话比较好，因此需要准备宽90厘米的黑色薄膜，而不是透明薄膜。

90厘米

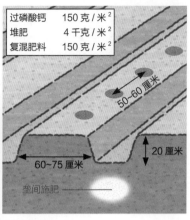

过磷酸钙	150 克 / 米²
堆肥	4 千克 / 米²
复混肥料	150 克 / 米²

50~60 厘米

20 厘米

60~75 厘米

垄间施肥

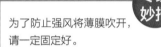

▲ 完成垄作。

2 覆盖

将周围的土拨到薄膜中间，在中央部分插入固定薄膜的工具。

专家妙招

为了防止强风将薄膜吹开，请一定固定好。

60 厘米

定 植

选择幼苗

请选择节间距离紧凑的、叶子颜色深的、叶子大而结实的幼苗。

1 摆放幼苗

株距保持 60 厘米，在定植的位置上摆放好容器。

60 厘米

2 从容器中取出幼苗

从容器中取出幼苗，请注意不要弄断根部。

3 移植

在薄膜上面开口，完成幼苗移植。这时，要注意用土封口，以防风从开口吹入。

▼ 定植完成。

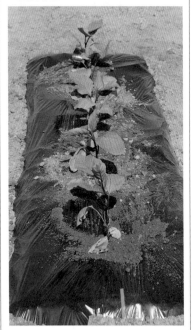

覆盖有机物护根

铺有机物

在薄膜上面铺盖枯草等有机物。

▼ 覆盖有机物护根的案例。

专家妙招　夏天地温上升较高时，容易伤及茄子的根部，不利于植株的生长。与塑料薄膜相比，利用有机覆盖物控温的效果更好。

搭 棚

1 搭建骨架

为了促进幼苗成活和防止定植后遭受风害、虫害而搭棚。

2 用无纺布进行覆盖

搭棚的材料，可以使用寒冷纱或者无纺布等。

专家妙招　用支柱或者木棒等固定住大棚的两端，这样铺盖作业就比较容易进行了。

大棚内新根刚刚长出来的幼苗的样子。

▼ 用无纺布完成隧道式大棚的搭建。

整 枝

1 摘除侧枝
从植株根部附近长出的
侧枝，全部摘除。

2 保留强壮的侧枝
保留最先开花的地方长
出的两个侧枝。

主枝伸展

侧枝伸展

侧枝伸展

第1朵花

摘掉下面的侧芽

三干整枝法

剪掉植株根部附近长出来的所有侧枝，保留最
先开花地方的上下侧枝和主枝。

支柱和引导

1 搭立支柱

当植株生长发育后，为每株苗搭立 1 根支柱。

2 用支柱引导主枝

在距离根部 10 厘米左右的位置，可以使用橡胶材料对主枝进行绑缚，以引导其生长。

10 厘米

采 收

1 采收时期

如果是中长系品种，一般果实长到 10 厘米左右就可以进行采收了。尽早采收的话，植株会活得比较久。

专家的智慧锦囊

追肥的时期通过观察雌蕊来决定

对于茄子而言，花朵中雌蕊和雄蕊的长短，是判断其生长发育状况的指标。中央凸出的雌蕊比较长的话就表示其生长发育状况良好；雄蕊比较长或者花凋落的话，说明肥料或者土壤水分少，就需要进行追肥或者在垄间浇水了。

○　×

品种介绍

日本的茄子是从中国传入的，经过多年的研究，现已培育出多个特色品种。

千两二号
果皮很软，果实大小也差不多，是日本茄子的代表性品种。

Kurowasi
蒂呈绿色，果实重达 250~350 克的大品种，在茄子中，是成熟比较早且结果数比较多的一种。

2 分 2 次剪切果实茎部

首先从枝干上剪下果实，第二次再对果实梗进行剪切，这样分 2 次剪会比较好。

第一次

第二次

采收的茄子

剪 定

1 观察生长发育状态

7 月下旬时，由于枝叶繁盛导致日照变差，这会影响到果实的质量，因此需要再次进行修剪。

2 修剪

每枝保留 2~3 个芽，其余全部剪掉。某些情况下，将叶子全部剪掉也没问题。

修剪后的状态

下图所示为修剪后的状态。如果觉得枝干上还留有小的果实或者雌花，就不舍得剪掉的话，反而会影响植株的生长，狠心剪掉它们很有必要。

佳肴

果实长 7~8 厘米，果实重 60~70 克。果肉密实，适合调沙拉或者腌渍，也可作为味噌或者意大利面的配菜用。

梵天丸

皮很薄，口感也很好，是将早些年的山形品种进行改良后的小型品种，适合腌渍。

新长崎茄子

果实长 38~40 厘米，是顶端比较尖的特长茄子。果皮薄，不弯，适合进行炒或煮。

番茄

| 1 | 2 | 3 | 4 | 5 | 6 | 7 | 8 | 9 | 10 | 11 | 12 |

（月）

● 播种　　● 定植　　● 采收

难易度
★★★

※ 不可连作（休息 3~4 年），但嫁接苗可连作。

确保第 1 花房开花结果是能不断收获的根本

在培育番茄苗时，对于稍微有点徒长的、弱一些的苗，都需要控制水肥，直到这些苗首次开花为止。在那之后，需要浇足水，等待根深深地扎于土壤中。

有的时候为了提高番茄糖度会控制浇水，让其在干燥的环境中生长。但是这样会导致采收时期的植株表现疲惫，口味和收获量都会急剧减少。给番茄浇水和施肥，就可以连续收获，这正是番茄栽培的乐趣。

专家支招栽培要点

将番茄育成可以连续收获的植株，很重要的一点是需要让根深深地扎于土里。如果土壤出现极端的干湿情况，就会伤及根部，因此起垄的时候应稍微起高一些，然后施入配合肥料，并且配合有机覆盖物，效果会比较好。

播种
– 容器移植 –

1　准备种子
番茄的种子因品种不同，形状、大小各有差异。

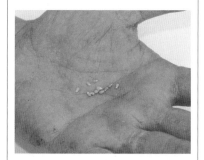

2　在容器中播种
将种子一粒一粒按压入容器内。

3　种子发芽
下图所示为种子发芽初期，子叶伸展、真叶刚刚长出来时的状态。

垄作

1 施基肥

在计划定植的地方挖 40~50 厘米深的沟，投入堆肥、干燥生活垃圾、复混肥料、过磷酸钙作为基肥。

专家妙招 番茄的根会延伸至 80 厘米以上，因此施入助长的基肥时，尽可能埋得远一些。

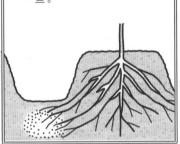

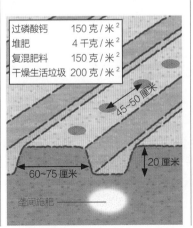

过磷酸钙	150 克 / 米²
堆肥	4 千克 / 米²
复混肥料	150 克 / 米²
干燥生活垃圾	200 克 / 米²

45~50 厘米

60~75 厘米

20 厘米

垄间施肥

2 填埋

把刚挖出的土重新填埋，上面铺上有机物作为通道使用。

▲ 完成垄作。

定植

选择幼苗

下图分别为迷你、中号、大号番茄的苗。对于番茄而言，第 1 花房开放的苗，比较好培育。

1 摆放幼苗

按照垄宽 60~75 厘米、株距 45~50 厘米摆放容器。长出花房的那一侧按照相同方向摆放。

45~50 厘米

▼ 从容器中取出幼苗，注意不要把根部的土弄散。

2 苗与垄平行放置

按照与垄平行的方向挖沟，将幼苗以平躺的姿势放入。

3 栽植

栽植时，保留花房下面的 3 片真叶。注意不要露出根和茎，并覆盖上土。

4 踩踏土地

为了让苗与土壤紧密贴合，用脚轻轻踩踏土地。

垄　作

▼ 定植后，在土的表面铺上枯草或者堆肥等，然后进行地膜覆盖。

专家的智慧锦囊

寻找肥料的根会茁壮成长。
要下功夫研究在哪儿进行施肥。

支撑生命的根，就像野鸟拼命在山野寻找食物一样，必须果敢勇猛才行。根穿过有机覆盖物和土壤，向施有基肥的垄间那一侧生长。有机覆盖物含有适度的水分，氧气也很充分，因此根会不停地延伸。

搭立支柱

植株比较少的情况

将长 180~210 厘米的支柱立在每株植株旁。当植株数量比较少的时候，用这个方法就足够了。

1 搭立支柱

选择搭番茄或者黄瓜用的拱门式的支柱。

2 搭建完成

搭建好拱门式的支柱。

专家妙招

拱门式的支柱耐强风，搭建好后，即使成人悬挂在它下面，也不会有任何影响。

摘 芽

从长叶子的地方长出来的侧芽需要尽早摘掉。

摘下来的侧芽，可以作为扦插苗使用

下图所示为刚刚摘下的侧芽。把这样的侧芽插入土壤中会生根，可以作为新苗使用。

品种介绍

丽夏

成熟后的果肉紧致，几乎没有开裂的情况，是非常美味的大粒番茄。该品种不容易生病。

小可爱—40

鸡蛋大小的水果番茄，不容易生病，也不容易裂果，可以进行露地栽培。

小可爱—樱花

略带酸味，是有浓厚口感的甜点迷你小番茄，可以一串一串地采收，也不太容易生病，很适合家庭菜园种植。

引导

1 进行引导的时期
当茎伸展开来时，按 20~30 厘米的间距将其绑缚在支柱上进行引导。

20~30 厘米

2 把茎固定在支柱上
用绳子在支柱和茎之间呈 8 字式交叉打结。

▼ 除了绳子外，还可以使用市面上售卖的橡胶材料进行绑缚。

采收

在早晨采收番茄
如果番茄的颜色已经红到蒂部的话，就尽可能在早晨采收。如果采收晚了，就容易出现裂果、果实掉落的现象。

长得像葡萄串一样
中型的迷你番茄，如果果实全部变成红色，采收时，就可以体会到像摘葡萄串一样的乐趣。

追 肥

1 追肥时期

如果施入了较为充分的基肥，就没有必要再进行追肥了。当第3花房的果实长得像乒乓球那么大时，可以施入复混肥料，每株施入30克左右。

专家的
智慧锦囊

对迷你番茄而言，营养成分的均衡很重要。有均衡的营养，收获量也会倍增。

对迷你番茄而言，如果土壤水分和养分均衡配合，花房就会变成双倍，可以结很多果实，收获量通常会倍增。因此，确认好品种后再控制水肥会比较好。

2 在垄的两端进行追肥

追肥在垄间或者垄的两端进行。覆盖有机物的话，追肥有促进有机物分解的效果。

摘 心

对主枝进行摘心

如果培养得好，番茄坐果可以达到6~7段，一般情况是4段左右。第4段的花开了后，保留3片叶子，对主枝进行摘心，这样可以使养分传送到下段的果实处。

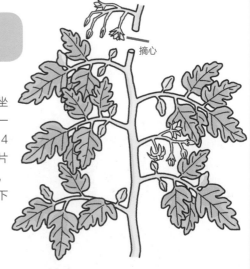

摘心

调整长势

1 观察生长发育的状态

当植株生长发育过于旺盛时，有的时候会从花房的尖端长出枝来。为了保证养分可以传输至果实，要把这些新枝剪掉。

2 剪枝

真叶长大变得弯曲，这也是植株过于繁盛的一个信号。出现这种情况时，要剪掉卷曲枝叶的一半，才能使生长发育变得平缓，日照条件变好，也不会出现落果，果实的颜色也会好很多。

感病征兆

新叶最先出现。这个时候，可以剪掉叶子的一半。进行剪切工作时，会通过剪刀或者指尖传染病毒，因此不要用接触感病植株的剪刀或手去操作。另外，掐过烟草植株的手指会携带病毒，因此应洗完手后再进行作业。

防雨和鸟害

1 防雨

番茄处于吸收肥料的干燥状态时，如果突然遇雨，果实就容易开裂而品质恶化。所以，应尽可能盖上塑料膜等来挡雨。

2 防鸟害

在植株两侧盖上塑料膜等，也可以防止鸟类为害。

专家的智慧锦囊

浇水，不干枯的程度就足够了

番茄原产于干燥的高地——南美洲安第斯山脉地区。

除了因持续干燥而导致干枯的情况以外，则没有必要进行浇水。即使不下雨，番茄的根也会往地底下伸展，从而获得水分，并且持续向果实输送营养成分，结出美味的果实。

病虫害防治

害虫

黏虫、蚜虫、椿象等害虫啃食或者吸食汁液，会导致番茄果实腐败。因此需要仔细观察，在发现初期就进行及时处理。

对策

覆盖防虫网。如果是刚刚发现的话要及时进行清除。

被黏虫食害的番茄。

开裂

夏天的时候，日照强烈或者骤降大雨时，果皮因为过于干燥或者果皮的生长赶不上果实的生长时，就会发生果皮开裂的情况。

对策

通过搭盖塑料膜等避雨方法，避免温度和水量发生急剧变化。

鸟害

番茄果实长大后，会出现被鸟吃掉的情况，需要注意。

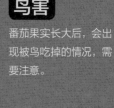

对策 1

用网罩住全部果实。

对策 2

用网罩住全部植株。

对策 3

在结果的位置绑上绳子。

青椒

1	2	3	4	5	6	7	8	9	10	11	12

（月）　　　●播种　　●定植　　●采收

难易度
★★★

※ 不可连作（休息 3~4 年）。

就算是挑食的孩子也会爱上青椒

"就算是生的也很想吃"，能让人这样评价的青椒，其种子往往排列得很整齐，果肉厚而且富有甜味。能否收获美味的青椒，取决于能给果实供给多少养分。这种活力的源泉来自叶和根。将有机质作为配合肥料施入土壤，保证土壤的通气性和排水性，对磷酸、石灰、钾肥进行均衡配比，这些对促进青椒的生长十分重要。

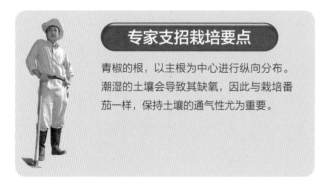

专家支招栽培要点

青椒的根，以主根为中心进行纵向分布。潮湿的土壤会导致其缺氧，因此与栽培番茄一样，保持土壤的通气性尤为重要。

播种
－ 容器移植 －

1 播种，移植
在容器中一粒一粒播种，然后催芽，长出 1~2 片真叶时进行分株移植。

▼ 分株移植。

2 适合定植的苗
育苗直至真叶长出 8~10 片。

过磷酸钙	150 克 / 米²
堆肥	4 千克 / 米²
复混肥料	150 克 / 米²
干燥生活垃圾	500 克 / 米²
硫酸铵	50 克 / 米²

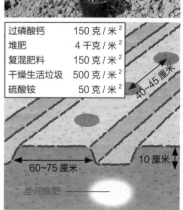

40~45 厘米
60~75 厘米
10 厘米
垄间施肥

▲ 完成垄作。

垄 作

在计划定植的地方挖沟，操作投入堆肥、复混肥料等作为基肥。然后进行垄作，宽60~75厘米。

定 植

1 准备苗
在定植前充分浇水。从容器中取出苗，注意不要伤害到根部。

2 进行定植
株距保持在40~45厘米。定植时小心操作，定植的深度以埋到子叶的下方为宜。

3 浇水
定植后浇水，保证水分充分渗入土壤中。

搭立支柱

1 搭立支柱
为每株植株立1根支柱。此处推荐搭立合掌式支柱。

专家妙招
为了不被风吹倒，应好好地将支柱插入地里。

2 用绳子固定
为了防止支柱活动，应用绳子固定。

引 导

1 绑缚引导

定植后，需要及早进行绑缚引导。因为固定植株是目的，所以在距离根部 10 厘米处进行较为适宜。

10 厘米

青椒、尖椒等辣椒类植株，在移植 1~2 周后，会长出很多侧芽。在最初分叉的枝上开出第一朵花，在它下面的主枝上长出来的侧芽，会影响植株的生长，因此需要认真修剪。在此后的生长过程中，可以放任不管。当植株长大，出现枝叶混合时，再进行修剪。

尖椒等植株的嫩叶可以煮着吃，比果实都好吃。

2 绑缚时留有余地

在植株生长过程中，注意不要让绳子嵌入茎里。绑缚时应将绳子呈 8 字式交叉，与支柱留有空隙。

整 枝

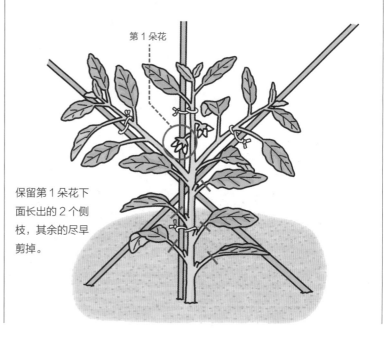

第 1 朵花

保留第 1 朵花下面长出的 2 个侧枝，其余的尽早剪掉。

采 收

最早结的果实会增加植株的负担，所以即便长得还很小，也需要尽早采收。

专家妙招

因为植株是陆续开花结果，所以当果皮变得有光泽、大小合适时就可以依次进行采收，每2周采收1次。可以通过对畦间进行施肥来维持植株的生长。

采收的青椒

在果实比较小的情况下进行采收，植株的营养消耗会比较少，可以长时间进行收获，直到霜降为止。

尖椒的栽培方法

① 尖椒的栽培方式和青椒一样。

② 结果多，从开花到成熟的时间比较短，注意不要采收晚了。

③ 与大个儿相比，小一些的尖椒会更香、更软一些，也更好吃。

品种介绍

市面上的彩椒有红、黄、橙等颜色，它们耐热，抗病能力强，属于比较容易栽培的蔬菜。

下总2号

低温环境下生长发育比较稳定，初期的收获量很多。抗病毒病、疫病，果实颜色呈鲜绿色，富有光泽，品质也比较高。

Akino

生长稳定，收获量多的代表品种，抗花叶病毒病。可以陆续采收到晚秋为止。

京绿

果肉薄而且软，口感好。夏天颜色也比较鲜绿，低温期也不会长出黑点。

彩椒

扁圆形，比较甜，青椒特有的气味比较少，在家庭菜园中很受欢迎。

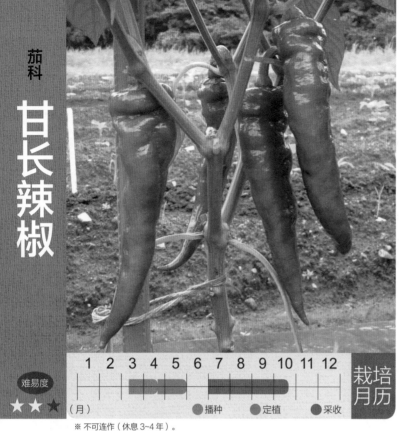

茄科

甘长辣椒

难易度
★ ★ ★

1	2	3	4	5	6	7	8	9	10	11	12

（月）　　　●播种　●定植　●采收

栽培月历

※ 不可连作（休息 3~4 年）。

尖椒中的新品种，比较受欢迎

果实长约 15 厘米，形状跟大号尖椒一样。不辣，肉厚而且比较柔软。简单烤一下就很好吃。可以在里面塞上肉，烧炒或者做天妇罗、串烧等，作为尖椒中的新品种，受到了大家的关注。

栽培期比较长，可参考同一科的青椒、尖椒的种植方法，选择通气性、排水性好，有机质丰富的土壤是关键。

专家支招栽培要点

采收晚了的话，成熟的果实颜色会变得发红，但是植株会因营养消耗而受累，因此应尽早采收。另外，采摘时，枝比较容易折断，因此需要准备好剪刀。

1 准备种子
甘长辣椒的种子与普通尖椒的种子几乎没什么区别。

2 播种
间隔 2~3 厘米放置，用手指将种子一粒一粒按入土壤里。

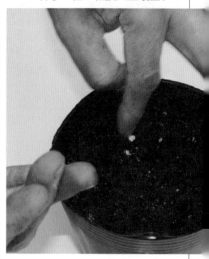

3 发芽
下图所示为种子萌发的幼苗。因为是尖椒类，所以发芽时也需要 28℃ 左右的高温。

定 植

1 准备苗

这是真叶长出 8~10 片时适合定植的苗。用手指抓紧植株，将其从容器中取出，注意不要弄伤根部。

过磷酸钙	150 克 / 米²
堆肥	4 千克 / 米²
复混肥料	150 克 / 米²
干燥生活垃圾	500 克 / 米²
硫酸铵	50 克 / 米²

45~50 厘米

10 厘米

60~75 厘米

垄间施肥

▲ 完成垄作。

2 栽植

栽植时，以子叶刚刚露出地表的边缘较为适宜。株距保持在 45~50 厘米。

▼ 株距保持在 45~50 厘米，定植后充分浇水。

45~50 厘米

搭立支柱

▼ 定植后，尽早搭立支柱。

引 导

▼ 将绳子呈 8 字式交叉进行绑缚引导植株生长。

采 收

采收时期

果实长至 10~15 厘米时，就可以采收了。

茄科

辣椒

难易度
★ ★ ★

栽培月历

1	2	3	4	5	6	7	8	9	10	11	12

（月）

● 播种　　● 定植　　● 采收

※ 不可连作（休息 3~4 年）。

喜温、喜日照的草本植物

种植的要点，是尽可能在盛夏到来之前使植株得以充分生长。对于辣椒而言，选择合适的时间进行定植非常重要。红辣椒不喜潮湿，而是喜欢高温、日照，因此需要选择排水和日照条件好的地方进行种植。

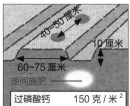

垄间施肥	
过磷酸钙	150 克 / 米²
堆肥	4 千克 / 米²
复混肥料	150 克 / 米²
干燥生活垃圾	500 克 / 米²
硫酸铵	50 克 / 米²

▲ 完成垄作。

专家支招栽培要点

如果需要追肥，请在 6 月底之前进行。氮素成分如果作用过强，并且一直持续的话，会导致果实成熟变缓，以至于到秋天都不能成熟。

1 播种和定植

在容器中播种育苗。种子发芽需要高温条件。当培育的幼苗数量较少时，可以选择购买市面上售卖的幼苗。当真叶长出 8~10 片时，按照株距 40~50 厘米进行定植。

2 搭立支柱进行引导

为了防止风将植株吹倒，应尽早搭立支柱进行引导。当枝叶长得繁盛后，需要修剪、整枝。嫩叶煮着吃也很美味。

3 采收

开花后 60 天左右，辣椒成熟变红，从变红的辣椒开始依次采收。干燥的话可以长期保存。想要利用嫩辣椒叶时，最好趁果实还是青色的时候，采收长得茂盛的嫩叶即可。

豆科

毛豆

难易度
★★

栽培月历

1	2	3	4	5	6	7	8	9	10	11	12

（月）　●播种　●采收

※ 不可连作（休息1~2年）。

开花时期，清除椿象等害虫是关键

作为夏天代表性的蔬菜，毛豆很受欢迎。品尝刚刚采收的毛豆，又香又甜，令人根本停不下来。

毛豆种植最需要注意的，是从开花期开始到豆子长成期间的虫害。经常会发现豆荚还在，但是里面的汁已经被吸干，导致收获全无。通过覆盖网眼比较小的纱布，或者喷洒低浓度的农药，可以防治虫害。

专家支招栽培要点

开花期如果降水少而导致土壤水分不足时，就会导致受精率下降，空豆荚就会增多。通过在植株根部覆盖枯草、堆肥等有机物，可以防止出现干燥。

垄 作

上一茬作物，如果种的是甘蓝或者萝卜之类的话，不施肥也可以。豆类比较喜欢富含有机质的近中性土壤，因此要施入过磷酸钙或者氧化镁。起垄，宽60厘米，高10厘米。

▼ 行距保持在25~30厘米，挖好播种用的沟。

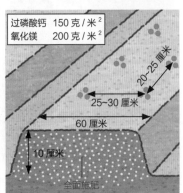

过磷酸钙　150克/米²
氧化镁　　200克/米²

20~25厘米
25~30厘米
60厘米
10厘米
全面施肥

▲ 完成垄作。

播 种

1 准备种子
毛豆品种很多，这里选用比较香的茶豆系品种进行播种。

2 播种
在沟的里面，株距保持在20~25厘米，每处放入2~3粒种子。

3 播种后覆土
播种完毕后，用周围的土覆盖上，厚度是种子大小的3~4倍。

4 踩踏使之贴合
覆土以后，用脚踩压，使得种子和土壤可以密切贴合。

搭 棚

1 搭棚
为了防止发芽初期的鸟害、虫害，可以通过覆盖隧道式大棚进行预防。下图所示为正在搭立大棚支柱。

2 浇水
为防止土壤干燥，需要在覆盖大棚前就充分浇水。

吸取空气中氮素的根瘤菌

豌豆等豆科植物的根里，共生有可以固氮的根瘤菌。根瘤菌，将空气中的氮转化为植物可以吸收的含氮物质，因此比起其他蔬菜，豆科植物可以少施肥。（右图中根上附着的根瘤就是根瘤菌寄生形成的。）

3 完成搭建

用无纺布覆盖的大棚搭建完成。植株长大顶到大棚的顶端前，都可以一直这样培育。

发芽和生长

▼ 播种后 7~10 天就会发芽，子叶展开，长出真叶。

▼ 下图所示为播种后约 60 天的植株，其发育在顺利进行。

专家妙招 当毛豆开始开花时，需观察其生长发育的状况。如果叶子变得有些黄了的话，就将复混肥料按照 1 米² 撒一小把的量在垄的两端追肥。

采 收

采收时期

毛豆品种不同，采收时期就不同。一般在播种后 80~90 天可以进行采收。植株上面的豆荚，整体平均膨胀的话，就可以进行采收了。

▼ 采收时将整株拔出。

专家妙招 最好吃的毛豆的采收期为整体膨胀 3~4 天。如果豆子长大再采收的话，味道就变淡不好吃了，所以需要尽早采收。

刚刚摘下的毛豆，当天就吃了吧！风味还有口感都是一级棒。

四季豆

难易度
★ ★ ★

1	2	3	4	5	6	7	8	9	10	11	12

（月）　　　　　　　● 播种　　● 采收

栽培月历

※ 不可连作（休息 2～3 年）。

栽培甜甜的、嫩软的四季豆

　　口感鲜嫩、香甜的四季豆，果实的尖端部分呈完美的弧状，豆荚上长有密密的一层细毛。

　　当四季豆生长一段时间后，就会陆续开花结果，慢慢地营养就会不足，茎叶生长过于繁盛的时候，枝叶就会变蔫。因此需要进行培土以维持通气性；为抑制生长过剩，需要进行少量多次的施肥和浇水。

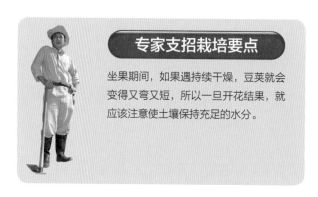

专家支招栽培要点

坐果期间，如果遇持续干燥，豆荚就会变得又弯又短，所以一旦开花结果，就应该注意使土壤保持充足的水分。

垄 作

1 施基肥
在畦的中央部分挖 40 厘米深的坑，在里面施入堆肥和过磷酸钙等。

2 起垄
填埋土壤后进行平整。起垄，宽 60 厘米，高 10~20 厘米。

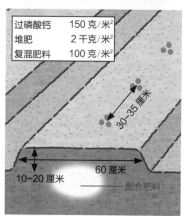

过磷酸钙	150 克/米²
堆肥	2 千克/米²
复混肥料	100 克/米²

30~35 厘米

10~20 厘米　　　　60 厘米

配合肥料

▲ 完成垄作。

播 种

1 准备种子

四季豆有很多种类，图中是圆豆荚四季豆的种子。

2 确定株距

株距保持在 30~35 厘米，每处播下 3~4 粒种子。

30~35厘米

3 播种

播种。种好后，铺上土并按压。

4 踩压使之贴合

由于四季豆的种子比较大，因此需要用脚踩，使其和土壤紧密贴合。

搭立支柱

刚刚发芽长出真叶的时候。

在藤蔓开始伸展前搭立支柱。

专家妙招 为了让藤蔓能够好好地进行缠绕，可以用合掌式的方式将支柱的顶端部分交叉搭建。

采 收

当豆荚长到 15 厘米长时，就可以按顺序采收了。

采收的四季豆

扁平豆荚的四季豆很嫩，用来做天妇罗是很棒的。

豆科

花生

难易度
★★★

1	2	3	4	5	6	7	8	9	10	11	12

（月）　　　　　　　　　　　　●播种　●采收

※ 不可连作（休息2~3年）。

避免连作，控制氮素肥料

种植花生时，如果前作施了肥的话，基肥就可以少施一些。在新的田地里，按照 2 千克 / 米²左右的标准进行施肥，施肥后进行播种。当叶子颜色比较浅、生长发育情况不理想时，可以在除草或者培土的时候进行追肥。

开花后子房会向土壤中伸展，并在土中长大。这个时候通过除草或者中耕，使植株保持在一种土壤比较松软的状态，子房就会比较容易向土壤中生长。

专家支招栽培要点

10 月中旬的时候，叶子会整体变黄，下叶也会渐渐枯萎，这时就是采收时期。如果采收晚了的话，荚果就会留在土壤中，这点需要注意。

垄 作

在前作的肥料还有剩余的地方，只施入石灰。做宽 60~80 厘米、高 10 厘米左右的平坦的畦，然后挖沟。

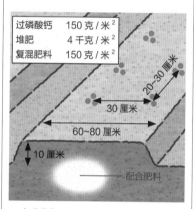

过磷酸钙	150 克 / 米²
堆肥	4 千克 / 米²
复混肥料	150 克 / 米²

20~30 厘米
30 厘米
60~80 厘米
10 厘米
配合肥料

▲ 完成垄作。

播 种

1 准备种子
种子就是平时吃的花生。

2 放入种子
株距保持在 20~30 厘米（下图中大拇指到小拇指的距离约为 20 厘米）。

20厘米

3 播种
每处播种 2~3 粒种子。因为种子比较大，所以要一粒粒按进土里。

4 覆土
播种后，用耙子将土盖上。

5 踩土贴合
用脚踩土，使得种子和土壤密切贴合。

生长发育

▼ 顺利发芽生长的样子。

▼ 开花几天后，子房就会潜入地里。这就是花生名字的由来。

专家妙招　在子房伸展前进行培土，将根部土壤稍微弄得软一些，这时子房的尖端就比较容易潜入土壤中。

采 收

1 试挖
到了 10 月，叶子整体变黄就是采收的季节了。试着挖出一些观察下荚果的大小情况。

2 采收
如果荚果上的网纹清晰，即便是稍微有点小，也把它挖出来。

▼ 挖出的植株反着放，晾晒 1 周左右。

甜玉米

难易度
★★★

1	2	3	4	5	6	7	8	9	10	11	12

（月）　　　　　　　　　　　●播种　●采收

栽培月历

※ 不可连作（休息1~2年）。

Q 弹的甜玉米，适期播种和基肥起到决定性作用

现在的甜玉米，粒皮很薄也很甜，像水果一样的品种越来越多。因为要充分吸收肥料，所以在种植的地方提前施入堆肥或者有机肥料很重要。

种植甜玉米基本上不用担心病虫害的发生，但是在刚刚结穗的时候，玉米螟会在茎上产卵，因此要在植株间种上具有防虫效果的牵牛花，或者事先喷洒农药进行预防。

专家支招栽培要点

甜玉米发芽需要高温条件。当真叶长出4~5片，高度长到 30 厘米左右时，要优先让根部向下伸展，并揭掉薄膜。

垄 作

1 施基肥

在计划种植的地方挖深 40 厘米左右的坑，投入堆肥、过磷酸钙、干燥生活垃圾、硫酸铵等作为基肥。

2 起垄

填埋后平地起垄。

铺盖地膜

1 覆盖地膜

为了确保地温和抑制杂草生长，要用黑色的聚乙烯薄膜覆盖畦表面。再用土压在薄膜两端以防止其被风吹开。

专家妙招

覆盖材料多种多样。当希望提高地温时，可以用透明的聚乙烯薄膜，但是透光杂草也会一起生长起来。如果不着急采收的话，可以选用抑制杂草生长效果更好的黑色聚乙烯薄膜。

过磷酸钙	100 克 / 米²
堆肥	4 千克 / 米²
复混肥料	150 克 / 米²
干燥生活垃圾	500 克 / 米²
硫酸铵	50 克 / 米²

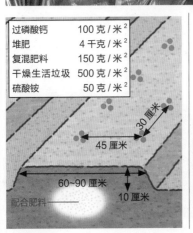

30 厘米

45 厘米

60~90 厘米

10 厘米

配合肥料

▲ 完成垄作。

2 挖孔

保证株距 30 厘米、行距 45 厘米，在决定好的地方用剪刀剪开薄膜挖孔。

播种

为了预防发芽初期的病虫害，甜玉米的种子中有杀菌剂包衣的比较多，如下图中的红色种子，不能食用。

1 将种子按压入土中

每处种入 3~4 粒种子，播种后，要将种子按压入土中。

2 踩压播种的地方

最后用脚后跟踩压播种的地方，让土壤和种子紧密贴合。

覆盖无纺布

专家
妙招
无纺布不能一直铺在上面，否则苗会长得过长而变得脆弱。因此当长出真叶后，就应该立刻去掉无纺布。

发芽初期存在鸟害的危险，因此要用无纺布进行覆盖。

◀ 从无纺布的上面，充分浇水。

疏 苗

1 取掉无纺布
下图为发芽初期的样子。这个阶段就可以取掉无纺布了。

2 疏苗
当苗长到 20~30 厘米高的时候，观察畦整体的生长情况，确认好苗的平均大小，在一个穴里保留一株苗，其余的用剪刀剪去。

病 虫 害 防 治

▼ 可以同时欣赏牵牛花，一举两得。

虫害对策

在甜玉米的株间播撒牵牛花的种子，甜玉米的植株本身就可以当作支柱让牵牛花的藤蔓缠绕。牵牛花茎叶表面的茸毛，有防止玉米螟及其他虫子来袭的效果。像图片中的落葵也一起缠绕，效果会更好。

落葵也来帮忙。

3 完成疏苗

下图为疏苗完成的状态。疏苗的时候，如果用拔的方式，剩下的根部也会一起活动，会导致生长发育暂时停止，因此用剪刀剪的方式最方便且安全。

去掉薄膜

当植株高度长到 30 厘米左右时，为了尽可能让根部扎得更深，变得更加强韧，这时就需要取掉黑色薄膜。

专家妙招 当植株变得过大时，薄膜就不好去除了，所以千万不要错过适合去除薄膜的时期。

鸟害对策

在坐果的位置绑上铁丝，可以防止乌鸦或者麻雀偷食。

果实的高度

追肥和覆盖有机物

▼ 去除黑色薄膜后，在行间进行追肥，用有机物覆盖畦。

管 理

保留植株根部发出的侧芽

当植株进一步发育时，会长出很多侧芽，这些侧芽可以防止倒伏。另外，由于叶子多会使光合作用充分进行，果实也会变得饱满。因此不用对叶子进行修剪。

采收晚了的话，果粒就会出现凹陷或者褶皱，皮也会变硬，口味就会变差，因此要留心及时采收。

采 收

1 观察采收时期

虽然种子包装上标注有不同品种所需要的发育天数，但是这也会根据气象条件的变化而发生变化。

专家妙招

玉米须变成茶色时，就可以试着进行采收了。

2 采收

待果粒一直长到尖端，便可以采收了。

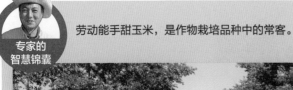

劳动能手甜玉米，是作物栽培品种中的常客。

甜玉米等禾本科的植物，吸收养分的能力强，可以把沉淀在地下的养分吸上来，同时吸收过剩的肥料，对于改善土壤营养也有好处。另外，甜玉米的根也可以在田地坚硬的底层开孔，改善排水性。剩下的多余的茎叶，还可以作为堆肥的材料，代替稻草等使用。

品种介绍

阳光巧克力

果粒皮又薄又软，汁水丰富，是一款水果玉米。顶端基本都会开花，而且植株比较低，适合家庭菜园栽种。

黄金 rush

果皮嫩软，具有很清爽的甜味，生着吃都很好吃。低温期生长也没问题。

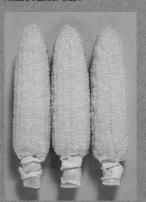

Kyanbara90

植株的高度可以长到近2米，特别甜。这个品种可以在7月播种，在秋天收获。

锦葵科
秋葵

| 1 | 2 | 3 | 4 | 5 | 6 | 7 | 8 | 9 | 10 | 11 | 12 |

难易度 ★☆☆ （月）

●播种　●采收

栽培月历

※ 可以连作。

秋葵成长得很快，注意及时采收

秋葵与木槿相似，会开出漂亮的花。早上开花，下午就会枯萎，然后结果。其在夏天的高温期开花后，4 天左右就进入采收期。当果实长到 7~10 厘米长时，就需要注意及时采收了。

这个时候，保留采摘过的那一节下面的 1~2 片叶子，其余的叶子依次剪去，以保证良好的通风。

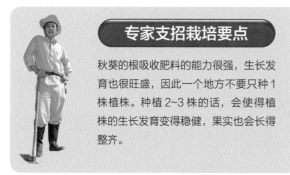

专家支招栽培要点

秋葵的根吸收肥料的能力很强，生长发育也很旺盛，因此一个地方不要只种 1 株植株。种植 2~3 株的话，会使得植株的生长发育变得稳健，果实也会长得整齐。

垄作

1 施基肥
在畦的中央挖深约 40 厘米的坑，施入堆肥、过磷酸钙、干燥生活垃圾等作为基肥。

2 起垄
填埋土，平整土地。起垄，宽 60~75 厘米，高 20 厘米左右。

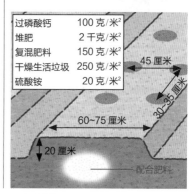

过磷酸钙	100 克/米²
堆肥	2 千克/米²
复混肥料	150 克/米²
干燥生活垃圾	250 克/米²
硫酸铵	20 克/米²

45 厘米

30~35 厘米

60~75 厘米

20 厘米

配合肥料

▲ 完成垄作。

播 种

1 准备种子
下图为秋葵的种子。种子之所以有颜色，是因为为了防止病虫害而加了杀菌剂包衣所导致的。

2 播种
保持株距 30~35 厘米，行距 45 厘米左右，每处放入 4~5 粒种子。

疏 苗

疏苗的时期
当真叶长出 4~5 片后，每处保留 2~3 株植株，其余的用剪刀剪掉。

▼ 下图为顺利生长的秋葵，此时处于开花期。

专家妙招 与同一处只种 1 株相比，种 2~3 株的话，果实会长得更加整齐。

管 理

剪掉下叶
为了保持良好的通风效果，应只保留坐果的果实下面的 2 片叶子，在那之下的叶子全都剪掉。

采 收

当果实长到 7 厘米左右时，就可以依次采收了。

专家妙招 秋葵会接二连三地开花，果实的生长发育也很快，因此要及时采收。

芝麻

难易度
★ ★ ★

| 1 | 2 | 3 | 4 | 5 | 6 | 7 | 8 | 9 | 10 | 11 | 12 |

（月）　　　　　　　　　　　　　　● 播种　● 采收

栽培月历

※ 可以连作。

地温上升的 5 月中旬后是播种的时期

芝麻发芽需要 20℃以上的温度，因此选择在地温充分上升的 5 月中旬以后进行播种。芝麻对土壤的要求少，受病虫害的影响也比较小，因此比较容易栽培。

根据种子颜色的不同，可以分为白芝麻、黑芝麻、金芝麻。其中收获量比较多的是黑芝麻。由于芝麻开很可爱的粉色花，因此即便是种在日照和排水性比较好的田地的一角，也是每年都很值得栽培的一种作物。

专家支招栽培要点

由于芝麻种子比较小，如果盖上厚厚一层土的话容易导致发芽不齐，所以一般盖上厚度为 5 毫米左右的薄薄的一层土，覆盖后轻轻按压。

垄 作

1 施基肥
在畦中央挖深约 40 厘米的坑，施入堆肥、过磷酸钙、干燥生活垃圾等作为基肥。

2 起垄
埋土，平整土地。起垄，宽 60 厘米，高 10 厘米左右。

▼ 在垄间挖好播种用的沟。

102

过磷酸钙	100 克/米²
堆肥	2 千克/米²
复混肥料	50 克/米²

30 厘米

60 厘米

10 厘米

1~2 厘米

配合肥料

▲ 完成垄作。

播 种

1 准备种子
将事先准备好的种子在种植沟里按照 1~2 厘米的间距均一地进行条播。

▼ 白芝麻的种子。

▼ 金芝麻的种子。

▼ 黑芝麻的种子。

2 播种方式
进行条播的时候，用拇指和食指捏一小撮种子，旋转手指播入就可以保证播种时的均一性。

3 铺土
播种后，用耙子轻轻地铺上土。

覆盖无纺布

1 盖上无纺布
为了使发芽初期不被雨淋，免受虫害的威胁，可以用无纺布进行覆盖。还可以在四周用工具进行固定，以避免其被风吹开。

专家妙招 覆盖的材料只是生长初期才必需的东西，发芽长出真叶后就可以去掉了。

2 浇水
从无纺布的上面充分浇水。

疏 苗

▼发芽初期。

1 疏苗的时期

当真叶长出2~3片时,进行疏苗,株距保持在15~20厘米。

15～20厘米

2 疏苗

为了保证植株生长发育均衡,应保留大小相同的苗。

▼疏苗后的状态。

追肥和培土

1 追肥的时期

开始开花后,在畦间进行追肥,以 50 克 / 米² 复混肥料为准。

2 固定植株

中耕后进行培土,对于快要倒的植株,用脚轻踏植株根部进行加固,使之重新直立起来。

开花和坐果

1 开花

开始开花。可爱的浅粉色花朵依次绽放。

2 结果

下图为蒴果结得非常饱满的样子。如果叶子垂下来的话,就说明临近采收期了。

3 采收时期

种子成熟后,蒴果的尖端就会裂开。如果蒴果的尖端裂开的话,就该采收了。

▼ 采收迟了的话,蒴果就会绽开。

4 采收

从根部一株一株地进行剪割、采收。左图是放在独轮车里的已经收好的芝麻。

干 燥

1 干燥

为了不让种子飞出来，需要用无纺布将收割好的植株包起来，放置于避雨且通风性好的地方进行干燥。

2 将芝麻从蒴果里取出

将干燥好的芝麻植株倒过来进行拍打，芝麻就会掉下来。

> **专家妙招**
> 无纺布不仅通气性好，而且可以防止芝麻掉落在地上，因此用起来很方便。

专家的智慧锦囊

芝麻干燥的时候，注意不要让它被风吹倒

在空间充足的情况下，可以像右图那样将植株捆绑后立起来放置。这时如果被风吹倒的话，好不容易收获的芝麻就会飞散，因此需要用绳子整体进行固定。

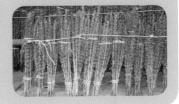

收获的黑芝麻和金芝麻。栽培几种不同种类的芝麻，用起来会很方便。

茄科

马铃薯

难易度
★★★

栽培
月历

1	2	3	4	5	6	7	8	9	10	11	12

（月）　　　　　　　　　●定植　●采收

※ 不可连作（休息2~3年）。

品种很多，应根据用途选择品种种植

因为马铃薯对土质的要求不高，并且短时间内的繁殖力很强，因此在世界各国都有种植，也有很多不同的品种。

除了大家熟知的男爵、五月皇后之外，还有适合制成土豆沙拉的北光、制成薯片的丰白、具有栗子口味的紫土豆，以及秋天也可以进行栽培的出岛、安第斯等品种。食用并且比较各种不同的品种，也是家庭菜园种植马铃薯的乐趣所在。

专家支招栽培要点

由于马铃薯是短期作物，因此一次性投入基肥，在收割时肥料刚好用完最好。变黄成熟后的马铃薯，味道比较浓厚。

垄 作

1 翻耕
如果前作的肥料还有残留的话，只要施入过磷酸钙就行了。播种前应好好翻耕。

2 起垄
在计划定植的地方，挖深10~15厘米的坑。考虑到之后的培土作业，必须在一条畦里种植一列苗。

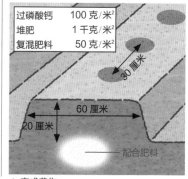

过磷酸钙	100 克/米²
堆肥	1 千克/米²
复混肥料	50 克/米²

30厘米
60厘米
20厘米
配合肥料

▲ 完成垄作。

专家的
智慧锦囊

覆盖地膜的情况和不需要覆盖地膜的情况

覆盖黑色薄膜进行栽培的时候，必须要进行垄作。如果不覆盖薄膜，培土时必然起垄，不需要特意去垄作。

准备薯种

1 准备需要的薯种个数
配合计划定植的数量，准备市面上售卖的薯种，并按大小分开。

2 切开
薯种里，芽一定集中在顶部。在这里用刀切开，保证一块有50克以上。一定要纵切，以保证可以发2~3个芽。

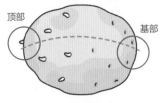

顶部　　　基部

▲ 将薯种纵切，保证每块有2~3个芽。

3 拌草木灰
虽然薯种直接种进去也可以，但为了防止从切口处腐烂，可以拌草木灰。

定 植

1 放置薯种
将切好的薯种切口朝下，稍微往土里按压一些，以保证它和土壤密切贴合。

其他方法

50克以下的小薯种，不用切，直接种进地里即可。

2 测量株间距
种植的时候，株距保持在30厘米左右。

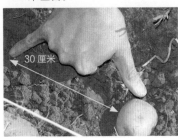

30厘米

3 放置复混肥料
放好薯种后，在薯种之间分别放入20~30克的复混肥料。注意不要接触到马铃薯。

专家妙招

接触到复混肥料的薯种容易腐烂，因此施肥的时候，一定注意不要接触到薯种。如果可以的话，一边将植入的薯种盖上一些土，一边在薯种和薯种之间进行施肥。

4 埋土

在薯种上面覆盖上 7~8 厘米厚的土。注意不要将复混肥料覆盖到薯种上。

▼ 铺上土，起垄，宽 60 厘米左右。

剪 芽

1 剪芽

为了能结出大的马铃薯，当芽长至 10~15 厘米时，可以保留 1~2 个长势好的芽，其余的摘除。

2 保证马铃薯的品质

如果不剪芽的话，马铃薯的数量会变多，但是个头会变小。因此剪芽对于保证马铃薯的大小均一非常必要。

专家妙招

剪芽，如果不从根部剪的话就没有效果。为了防止薯种被带出来，剪芽的时候，用一只手按着根部，另一只手伸入土壤中，将芽从旁边拔出。

培 土

1 第 1 次培土

剪芽后，将土聚拢到根部。

2 第 2 次培土

当马铃薯长大露出地表后，受到阳光照射表皮会变绿，这样会损害品质。因此当看到芽后，应尽早进行第 2 次培土。

品 种 介 绍

安第斯红

红皮马铃薯，容易煮化，所以适合做薯条、炸丸子。该品种休眠期比较短，8 月种植的话秋天就可以收获。

五月皇后

微微细长的品种。由于不容易煮化，因此适合做咖喱饭或者煮着吃。储藏于低温环境下会变得有些甜。

男爵

长芽的凹坑处比较深，加热的话会软软的，味道很浓，适合制作土豆泥。

采 收

1 试挖

当露出地表的马铃薯开始变黄后，就可以试着进行采收了。

2 采收时期

试挖后，发现马铃薯的大小比较接近时，就可以采收了。

专家妙招
观察地表露出的部分，整体开始变黄的时候，就是采收时期。下雨天沾上泥土的马铃薯，不利于保存，因此应尽可能选择晴天进行采收。

3 挖马铃薯

注意不要把马铃薯切断，应将铲子距离根部稍远一点儿进行采挖。

专家妙招
还有很多马铃薯会留在地里，因此最后可以用手仔细地挖。

马铃薯的坐果方式

马铃薯会在植株周围长出新的马铃薯，如果掌握了这种特性，就可以知道定植的时候保持多远的株距，垄作的时候垄宽要保持多少了。

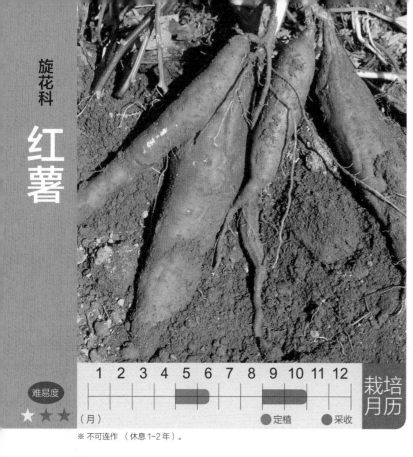

红薯

1	2	3	4	5	6	7	8	9	10	11	12

（月）　　　　　　　　　　　●定植　　●采收

栽培月历

※ 不可连作（休息1~2年）。

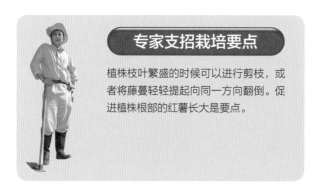

定植后的苗会在土壤中生根

红薯是根部逐渐长大的蔬菜。苗上已经长出根的话，即使成活也未必能变成红薯，因为根吸收肥料后可能会出现枝叶生长过于繁盛的现象。长出3片叶子的苗，一般不会有这样的问题。所以应选择没有生根的苗进行定植。

定植后，在土壤中新长出来的根，会长成形状相似的红薯。定植后3个月，就可以进行采收了。

专家支招栽培要点

植株枝叶繁盛的时候可以进行剪枝，或者将藤蔓轻轻提起向同一方向翻倒。促进植株根部的红薯长大是要点。

垄 作

1 挖沟，施基肥
在计划定植的地方挖深30~40厘米的沟。作为基肥，施入微生物的发酵饲料如米糠等，并且投入少量的过磷酸钙以补充植株生长过程中不可缺少的钙肥。

2 起垄
埋土，起垄，宽60厘米，高30~40厘米。

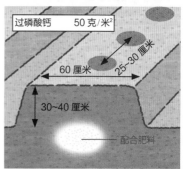

过磷酸钙　　50 克/米²

60 厘米　　25-30 厘米

30~40 厘米

配合肥料

▲ 完成垄作。

覆盖地膜

铺上黑色薄膜

垄作后，立刻铺上宽 90 厘米的黑色薄膜。

90厘米

定植前的工作

将从市面上买的苗，放置在阴凉处 2~3 天，在定植的前一天，浸入水桶中让其吸收水分。通过这样的处理，可以让幼苗意识到它应做好生根的准备了。

专家妙招

定植后的红薯苗，在土壤中生根很重要。苗的阶段已经生根（下图右侧），定植的时候因根吸收了肥料，会导致茎叶生长过于茂盛。因此在选购的时候，一定要选择还没有生根的苗（下图左侧）。

✕

定 植

1 在薄膜上挖孔进行栽种

在薄膜上面挖孔，株距保持在 25~30 厘米，然后在孔里插入一株长有 3 片叶子的苗。

2 培土

如果苗比较短，注意不要因过于干燥而发生干裂，尽可能将苗直立着深深插入土里。定植好后，覆盖上土以防止风吹进薄膜内。

专家妙招

即便真叶蔫儿了，只要生长点是朝上的，就不用担心干枯。

生长点

▼

其他方法

如果苗比较长，就挖一条 10 厘米深的沟，将茎水平种植。但若采用覆膜栽培，水平种植有一定难度，故直立种植比较好。

25~30厘米

整理藤蔓

1 从藤蔓里长出根来

如果放置藤蔓生长而不管，就会从藤蔓的关节处长出新根，这会对旁边的植株造成影响。所以需要经常把藤蔓提起来，进行整理。

专家妙招　整理藤蔓的时候，保留会长成红薯的根，除此以外的根全部拔掉，以防藤蔓生长过剩而影响整体发育。

3 定植完成

图中是将苗定植于畦间的状态。红薯吸收肥料的能力比较强，因此需要一排一排地进行种植。种植后要充分浇水。

2 整理藤蔓

如果长成图中这个样子的话，就可以痛快地进行整理了。如果藤蔓影响到其他植株，中途进行剪切也可以。

生长发育状态

▼成活后正常生长发育的红薯植株。

采 收

1 剪切茎叶

在采收前，为了便于采挖，可以剪掉地表部分的茎叶。

专家妙招
用手稍微挖一下根部，确认有没有红薯。

2 挖掘

在距根部还有一定的距离处，用铁锹进行铲挖。

专家妙招
有的时候红薯会长到畦间，因此用铁锹的时候注意不要铲断了。

3 采收

直立种植的短苗，根部会结出形状相似的红薯。

采收适期

红薯定植后 3 个月就会长到足以采收的大小。如果栽培时间过长的话，红薯就会变得太大。因此，定植后经过 3 个月，就可以试着挖出来看一看大小，然后尽早采收。

品种介绍

紫薯
口感稍微有些黏。薯瓤呈现深紫色。这种紫色，受健康热潮的影响被大家关注。薯片或者蛋糕类的加工产品经常会用到它。

红东
口感非常好，有松软的粉质感，是美味红薯的代表品种，在家庭菜园中也很容易种植。

安纳芋
跟紫薯齐名的日本种子岛的代表品种。烧烤后会像奶油一样呈现出黏稠的口感，糖度高达 16%，因此特别受欢迎。

天南星科

芋头

難易度
★★★

| 1 | 2 | 3 | 4 | 5 | 6 | 7 | 8 | 9 | 10 | 11 | 12 |

（月）　●定植　●采收

※ 不可连作（休息3~4年）。

喜欢湿润的土壤条件，耐高温

芋头耐高温，害怕干燥，比较适合种植在土壤保水性高、有湿气的地方。当干燥的时候，芋头叶子就会枯萎而停止生长发育，这时就需要在畦间进行浇水来保持土壤湿润。

芋头的品种有很多，有石川早生、土垂等代表性品种，也有发红色芽的西里伯斯、八个头等品种。

专家支招栽培要点

培土对于芋头能否生长饱满而言是非常重要的工作。最后一次培土时，注意要将小芋头的芽全部埋起来，最迟在梅雨季节结束前进行。

垄 作

1 挖沟
在准备定植芋种的畦里，挖40厘米深的沟。

2 施基肥
作为基肥，按照制作三明治的方法施入堆肥、复混肥料、干燥生活垃圾、硫酸铵、米糠等。

过磷酸钙	150 克/米²
堆肥	4 千克/米²
复混肥料	100 克/米²
干燥生活垃圾	500 克/米²
硫酸铵	50 克/米²

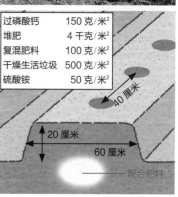

40 厘米

20 厘米　　60 厘米

—— 配合肥料

▲ 完成垄作。

使用干燥生活垃圾，会慢慢显现出肥料的效力，对于需要长时间栽培的芋头而言效果显著。

3 起垄
把土埋上，起垄，宽 60 厘米，高 20 厘米。

准备芋种

1 挖掘芋种
挖出前年采收的，储藏于田地里的芋种。

2 分离小芋头
将埋在地里的整个芋头进行分离，切下比较饱满的小芋头作为种子。

▼ 发红色芽的是叫作西里伯斯的品种。

▼ 作为种子使用的名为土垂的品种。

定 植

1 定植
将小芋头的芽朝上，种入深 5~6 厘米的土壤里。

▼ 株距保持在 40 厘米，一边按压土壤，一边一个一个地进行定植。

40厘米

2 覆土
定植完成后，覆土。

覆盖有机物

1 发芽时的状态
当地温上升，芽就会渐渐发出来。

2 覆盖有机物
当芽长出来后，用基肥、枯草等有机物进行覆盖。

培 土
- 第1次 -

定植后，从根部会长出很多小芋头芽，这时要好好进行培土。

> **专家妙招** 为了收获大个头的芋头，必须注意不要让长出来的小芋头芽干掉，要给它培土。

培 土
- 第2次 -

先追肥，再培土

在植株的周围用复混肥料进行追肥，同时进行第2次培土。

▼ 这个时候，植株已经长大，需要将土拨到根部。

防止干燥

浇水

芋头不耐干燥，当夏天持续干燥时，其生长就会减慢，因此需要在畦间充分浇水。

采收

1 试着挖掘

过了 10 月中旬，芋头就会长到足以采收的大小，这个时候需要试着挖出来看看，以确认芋头的大小。

2 进行采收

注意不要伤害到芋头，在距植株一定距离的地方用铁锹挖出芋头。

3 采收的芋头

当芋头充分长大后，在靠近根部的地方切断其茎进行采收。下图显示结的芋头很多。

芋头坐果方式的不同

下图左边是发红色芽的西伯利斯，右边是土垂。不论哪种都是很黏、口味浓厚的优良品种。发红芽的品种结的芋头比较少，但是茎叶可以食用。

专家的智慧锦囊

铺上采收后的玉米茎叶，可以防止土壤干燥。

想要好好培育芋头，需要多浇水和多施肥。如果持续干燥、缺少肥料的话，就会导致芋头的生长发育迟缓，收获量也会极度减少。将玉米茎叶等可以用的有机物聚拢于根部，可以防止土壤干燥。除此之外，还可以用堆肥或者除掉的枯草等周边可以搜集到的有机物铺在根部。

姜科

生姜

| 1 | 2 | 3 | 4 | 5 | 6 | 7 | 8 | 9 | 10 | 11 | 12 |

（月）

仔姜　生姜

● 定植　● 采收

栽培月历

难易度
★ ★ ★

※ 不可连作（休息 4~5 年）。

避免连作，保持土壤水分

　　如果土壤的干湿程度变化剧烈，生姜就只会长成纤维质多的植物，特别是夏天的高温干燥对其而言是致命的。因此在定植后，要通过施入有机堆肥等来进行保温、保湿。如果持续干燥的话，不要犹豫，必须进行灌水。种植场所请选择玉米、黄瓜等作物下可遮阴的地方比较好。

　　夏天可以采收仔姜（嫩姜），等秋天叶子变黄了则可以采收生姜。

专家支招栽培要点

连作对生姜的生长发育非常不好，因此要进行轮作。生姜不适合与马铃薯一起种植；在种植过马铃薯的土地里，也不适合再种植生姜。

垄 作

1 挖沟
在计划定植的地方，挖深 20~30 厘米的沟。

2 施基肥
在沟中，施入堆肥、过磷酸钙、复混肥料等作为基肥。

3 埋土
在施入的肥料上面，覆盖深 10~15 厘米的土，然后起垄，宽 60 厘米。

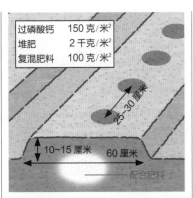

过磷酸钙	150 克/米²
堆肥	2 千克/米²
复混肥料	100 克/米²

25~30 厘米

10~15 厘米　60 厘米

配合肥料

▲ 完成垄作。

定　植

1 准备姜种
购买市面上卖的姜种。用手掰开，每个 50 克左右，长有 3 个以上的芽。

2 摆放姜种
株距保持在 30 厘米，将出芽的那一面朝上，水平放置于沟中。

30厘米

3 覆土
注意不要种植得太深，埋大概 5 厘米的土进去就行了。畦宽在 60 厘米左右。

60厘米

4 浇水
充分浇水以保证姜种和土壤密切贴合。

覆盖有机物

生姜需要充足的水分，而发芽需要 30 天以上，因此用有机物覆盖在畦上，可以防止高温和土壤干燥。

防止干燥

浇水
夏天持续日晒和干燥时，要充分浇水。

干燥时叶子就会卷起来
当高温和干燥持续时，叶子就会卷起来。如果浇水，叶子就会立刻展开。浇多少水可以根据叶子的形状进行判断。如果土壤一直保持潮湿，新生姜可以长到 1 千克；而如果土壤总是干燥的话，长势就会变差。

当根部变红，就可以试着采挖了

当生姜的根部变红，就可以采收仔姜了。将手伸入土壤中，拔出植株的一部分进行确认。图中所示是仔姜。

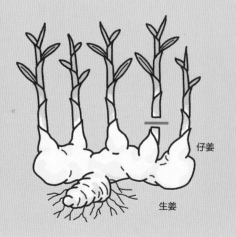

仔姜

生姜

采 收

采挖

夏天是采摘仔姜的季节。将铁锹深深插入畦中，便挖出来整株生姜。

▼ 用手抓住后慢慢拔起。

专家妙招 生姜是横着排列的，因此铁锹不能呈直角插入畦中，要在与畦平行的位置插入。

刚采摘的仔姜

仔姜可以直接食用，也可以用于煮东西或者做腌渍品；比较老的生姜可以进行研磨后使用。要想作为生姜使用的话，可以继续进行栽培，当地上部分变黄，大概在10月中旬左右（霜降之前），就可以采收了。

薯蓣科

山药

难易度

★★★

| 1 | 2 | 3 | 4 | 5 | 6 | 7 | 8 | 9 | 10 | 11 | 12 | 栽培月历 |

（月）　　　　　　　　　●定植　　●采收

※ 不可连作（休息 2 年）。

要注意防止定植后的土壤干燥

　　山药种薯的尖端会长出新芽，新芽旁边长出的粗根是吸收肥料的很重要的根，一定注意不能把它们弄断了，而是要让它们深深扎于地下。

　　覆盖 5 厘米左右的土。当藤蔓伸展至 1~2 米的时候，用枯草或者堆肥覆盖于根部及地表，以防止土壤干燥。藤蔓会快速伸展，因此要尽早搭立支柱。

专家支招栽培要点

山药的形状会受到土质的影响，因其扎根深所以需要耕土至深处。另外，为了防止山药腐烂，要选择排水好并且地下水位比较低的地方。

定 植

1 **准备山药种薯**

购买市面上卖的没有受病虫为害的种薯，然后做好定植的准备。

专家妙招 家庭菜园最适合种植稍微短一些（长度为 25~30 厘米）的山药，这样比较容易采摘。因为山药会从头部长出新芽，因此就算是根长出来了也没关系。

2 **种植**

挖深 40~50 厘米的坑，在坑的周围施入堆肥、复混肥料、过磷酸钙，株距保持在 30~40 厘米，将芽朝上进行定植。

121

3 埋土

定植后，铺上土，让芽稍微露出地表一些。如果肥料直接接触到山药，会对其造成伤害，因此不要将肥料直接投入坑里，而是埋在周边。

30~40厘米

覆盖有机物

当芽长大后，为了防止土壤干燥和杂草生长，应在畦的上面覆盖有机物。

4 标注记号

定植完成后，在定植的地方用细棒做标记，以防踩踏。

过磷酸钙	100克/米²
堆肥	2千克/米²
复混肥料	150克/米²

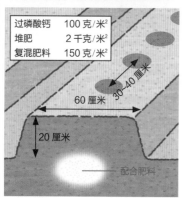

30~40厘米

60厘米

20厘米

配合肥料

▲ 完成垄作。

专家妙招 为了防止支柱摇晃，需用力将支柱深深插入土壤中。

搭立支柱

1 搭立支柱

藤蔓会不断生长，为了防止藤蔓缠绕到一起，要早点搭立支柱。

2 组装支柱

为了让支柱能够承受住藤蔓的重量，应尽可能使用长一些的材料，并以合掌式方式搭建。

3 引导

就算不进行引导，藤蔓也会自己缠绕在支柱上面。

追 肥

山药种薯的营养成分经 60 天左右就会消耗掉，因此在那之后，要在植株周围撒一把复混肥料（50 克），然后除草，进行中耕。

专家的智慧锦囊

妨碍山药生长的零余子（山药豆），采摘后可以做零余子饭吃。

8 月中下旬的时候，山药地上的部分会长出零余子，其肉质与山药一样，培育 2 年后，可以作为山药种子。如果零余子结得太多，会妨碍山药的生长，因此适量采摘然后做成零余子饭吃是不错的选择。

采 收

▼ 地上部分收割后便开始采挖山药。注意不要弄断山药，要小心进行。

采收的山药

新山药，即便把它埋在土里过冬，至春天的时候再挖出来，也不会影响品质，仍然可以食用。

专家妙招 10 月的时候，山药地上部分的茎叶变黄，这时就可以采收了。

百合科

葱

难易度
★★★

1	2	3	4	5	6	7	8	9	10	11	12

（月）　春播　　　秋播　定植　采收

※ 不可连作（休息1年）。

培土和好好利用基肥，可以让脆弱的根变得强大

葱的根本来就扎得比较浅，如果进行培土的话，葱就会为了寻求氧气而往上生长。在土壤中混入优质的基肥，并且把土聚拢到根附近的话，通气性和保水性就会变好，健康的、白色的根就会很好地伸展。特别是夏天高温干燥时，这种做法很有效。在葱的生长期内多浇水，到了收获期要进行预防干燥的管理。也有春天播种，秋天或冬天收获的种植方法。

专家支招栽培要点

如果根卷缩并且泛着褐色，这是由于土壤干燥，导致根为了寻找水而一会儿长出来，一会儿又消失不见，从而出现颜色的变化。反复进行培土（混有堆肥的土）和灌水的工作，可以改善这种状况。

垄 作

1 挖沟

在计划定植的地方，挖深30~40厘米的垂直沟。为防止寒风，选择北边比较好。

▼ 挖出的土堆在沟的两侧。

2 撒过磷酸钙

过磷酸钙对于葱的初期生长比较有效，因此每米可撒50克过磷酸钙。撒完之后，填入10厘米深的土并且平整土地。

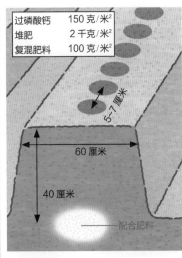

过磷酸钙	150 克/米²
堆肥	2 千克/米²
复混肥料	100 克/米²

5~7 厘米

60 厘米

40 厘米

配合肥料

▲ 完成垄作。

▲ 在距离根部 3~4 厘米的地方覆土，达到刚刚可以隐藏住根部的程度就行。

定 植

准备苗

准备长约 30 厘米，茎直径约 1 厘米的结实的苗。苗如果大小不一，收获的时候也会出现大小不同。

1 摆放苗
挖坑，把苗放进去，株距保持在 5~7 厘米。

2 铺上枯草
因为葱的根需要氧气，因此定植后为了防止土壤干燥和保持通气性，需要在根部铺上枯草或者堆肥等。

培 土
- 第 1 次 -

进行追肥
定植的苗成活并且叶子开始伸展开来的话，可在铺有枯草的根上进行追肥。每米撒一把 50 克的复混肥料即可。

▶ 追肥后进行培土，一直到叶子分叉的地方为止。

培 土
-第 2 次-

根据发育状况进行第 2 次培土。培土的时候注意不要超过生长点。超过生长点的话，会导致葱的生长停止。

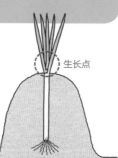

生长点

采 收

▼ 葱并非一定要长到足够大才能采收。必要的时候即可适量挖出。

采收后的葱

下图为刚刚采收的葱。白色的软白部分长 30~40 厘米，叶子也有甜味，很好吃。因此不要把叶子扔了，可以用它来做菜。

栽培分蘖葱的方法

① 分蘖葱，是指从 1 根葱上面长出几根粗细相同的葱。在家庭菜园中，这是很珍贵的宝贝。

② 将分蘖葱，一根一根地剥离。

④ 因为 1 根葱会变成好多根葱，因此株距要保持在 15 厘米左右。

③ 跟前面讲的一样，将葱一根一根进行移植。

⑤ 与单根葱的生长一样，应根据生长发育的情况进行培土。

⑥ 根据需要，将整个植株挖出来进行采收。

品种介绍

长悦
春天时，葱花不容易长出来的一个品种。变换播种时期的话，可以常年进行栽培。

下仁田葱
葱白部分有 20 厘米左右的特别粗的品种。加热后变软，呈现特有的甜味，是火锅、寿喜锅中的一道绝品美味。

夏扇 2 号
长得比较整齐，也不容易生病，是非常结实的品种。叶子折断现象也很少发生，所以栽培管理比较简单。

唇形科

青紫苏

难易度

★ ★ ★

| 1 | 2 | 3 | 4 | 5 | 6 | 7 | 8 | 9 | 10 | 11 | 12 |

（月）

● 播种　　● 采收

栽培月历

※ 可以连作。

陆续长出侧芽的话，收获量就会增加

　　虽然可以直接进行播种，但还是把种子种在容器中，经过 30 天左右的育苗后再进行定植比较好。播种后约 2 个月就可以进行采摘了。如果肥料没有了，就会出现叶子小、颜色变浅、萎缩的情况，因此施入堆肥，适量进行追肥和灌水，保持适当的土壤含水量很重要。

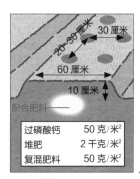

过磷酸钙	50 克/米²
堆肥	2 千克/米²
复混肥料	50 克/米²

▲ 完成垄作。

专家支招栽培要点

因为紫苏很容易分枝，因此长到 40 厘米左右高时，就可以陆续采摘嫩软的叶子了。这样可以促进侧芽的生长，增加收获量。

1 **播种和疏苗**
按 2 千克 / 米² 的标准施入堆肥，按 50 克 / 米² 的标准施入过磷酸钙、复混肥料，然后平整土地，进行条播。发芽后，如果长得太繁盛的话，可以在真叶长出来 2~3 片时进行疏苗，最终使株距保持在 25~30 厘米。

2 **采收**
当植株长到 30 厘米以上，就可以根据需要采收了。

紫苏配刺身

紫苏有红紫苏和青紫苏，可以分别种植并且区别使用。另外，长大后紫苏的花穗也可以利用，可以体验长时间收获的喜悦。

花穗

红紫苏

128

伞形科

深裂鸭儿芹

难易度
★★

1	2	3	4	5	6	7	8	9	10	11	12

（月）　　　　　　　　　●播种　●采收

※ 不可连作（休息3~4年）。

播种时盖上薄薄的一层土，注意干燥

标准的栽培间距是株距 5~7 厘米，行距 15~20 厘米，深度保持在 1 厘米左右，进行条播。薄薄地盖上一层土，种子隐约可见就行了。然后用碎木板轻轻按压，均一地浇水。

土壤干燥的话会导致发芽或幼苗发育不良。到真叶长出 5~6 片为止都要特别注意预防干燥，适当地进行浇水。

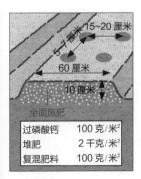

全面施肥	
过磷酸钙	100 克/米²
堆肥	2 千克/米²
复混肥料	100 克/米²

15~20 厘米　5~7 厘米　60 厘米　10 厘米

▲ 完成垄作。

专家支招栽培要点

深裂鸭儿芹不耐寒也不耐暑，喜欢凉爽的气候。在盛夏和寒冬，可通过覆盖寒冷纱来抵御日照和霜冻，这样收获期才可以变长。

1 垄作

在计划种植的地方，施入堆肥、过磷酸钙和复混肥料，然后与土壤混合平整土地。进行垄作，宽 60 厘米，高 10 厘米。

2 播种

捏着种子，搓动手指，将种子撒入挖的沟里。由于发芽需要阳光，因此薄薄地撒上一层土就可以了，然后用手轻轻按压。

3 采收

当植株长到 20 厘米长时，就可以在距离地面 3~4 厘米处进行采收了。采收后，过一段时间还会长出新的来。

菊科

圆生菜

栽培月历

| 1 | 2 | 3 | 4 | 5 | 6 | 7 | 8 | 9 | 10 | 11 | 12 |

春播　　　秋播
（月）　　●播种　●定植　●采收

※ 不可连作 （休息 1~2 年）。

适合在气温稳定的春天和秋天栽培

　　圆生菜的种子比较容易发芽，因此在容器中育苗后待真叶长出 4~5 片时，按照株距 25~30 厘米进行定植。但是，在 25℃以上的高温状态下，种子就会进入休眠状态，难以发芽。

　　另外，定植后如果一直处于 30℃左右的高温状态，种子就会腐烂；而如果遇到霜降就会受冻枯死。因此，选择在气温稳定的春天和秋天栽培比较好。

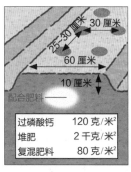

30 厘米
25~30 厘米
60 厘米
10 厘米
配合肥料

过磷酸钙	120 克/米²
堆肥	2 千克/米²
复混肥料	80 克/米²

▲ 完成垄作。

专家支招栽培要点

建议使用白色和黑色的寒冷纱。7 月覆盖黑色的寒冷纱，可以增加 10 月或来年 4 月的光照热量；如果覆盖白色的寒冷纱，可以增加 9 月或来年 5 月的光照热量。

1 备苗

虽然也可以自己播种育苗，但是如果可移植的植株比较少，则购买市面上的苗（真叶 4~5 片）。

2 定植

在宽 60 厘米、高 10 厘米的垄上覆盖地膜。浅浅地定植，以保证子叶的表面可以露出地表，然后将土聚拢到根部。株距保持在 25~30 厘米。

3 采收

结球后，按压头部，感觉到有点硬了，就可以采收。从根部进行采收，去掉外面不需要的叶子。叶球结得比较松的，通常叶肉会比较厚一些。

 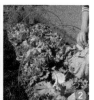

▲ 刚刚采收的圆生菜，很有嚼头，非常美味。

马尾藻科

羊栖菜

| 1 | 2 | 3 | 4 | 5 | 6 | 7 | 8 | 9 | 10 | 11 | 12 |

难易度

★★
（月）　　　　　　　　●播种　　●采收

栽培日历

※ 不可连作 （休息1~2年）。

利用茎尖端的是嫩叶

　　羊栖菜，也叫鹿尾菜，生长在海边沙地里的野生草。播种的时候进行条播，然后依次进行疏苗，株距保持在8~10厘米。

　　羊栖菜初期生长发育比较缓慢，为了避免野草旺长，要及时进行除草。当长到10厘米高时，可以直接拔掉。或者想要采收更长的羊栖菜，则可以进行摘心。长出来的侧枝达到15厘米左右再收获也行。

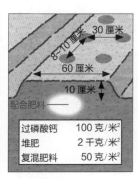

30厘米
8~10厘米
60厘米
10厘米

配合肥料

过磷酸钙	100克/米²
堆肥	2千克/米²
复混肥料	50克/米²

▲ 完成垄作。

专家支招栽培要点

当因干燥而导致土壤水分不足时，茎叶就会变硬，需要进行适当灌水。为了保持通风，如果植株长得太繁盛，千万不要忘记进行疏苗工作。

1 播种

在计划播种的畦里挖坑，捏着种子、搓动手指，将种子条播入地里。

2 发芽和疏苗

左下图是刚刚发芽的羊栖菜。当真叶长出3~4片时，按照株距8厘米进行疏苗。虽然枝叶已经开始伸展了，但还是希望它可以再长大一些。

3 采收

当植株长大，可以剪掉前面15厘米左右比较柔软的枝。长出来的侧芽也可以进行采收。

▲ 过了采收期的话，叶子就会变硬，因此要及时采收。

天门冬科

芦笋

| 1 | 2 | 3 | 4 | 5 | 6 | 7 | 8 | 9 | 10 | 11 | 12 |

（月）

●定植　●采收

栽培月历

难易度

★★★

※1年后的5月份采摘。

芦笋，吃肥料的蔬菜！

芦笋因为喜欢肥料，因此春天采收后到8~9月秋芽萌出前，在剪掉茎叶后，应以一年分3次、1株施10克复混肥料为标准，在植株间施肥。为了来年养分的储存，应最少保留4~5根茎。

过度采收会导致植株的消耗，从而导致来年产量大幅下降，因此留几个新芽比较好。

```
30~40 厘米
60~90 厘米
20 厘米
配合肥料
```

过磷酸钙	100 克/米²
堆肥	2 千克/米²
复混肥料	50 克/米²

▲ 完成垄作。

专家支招栽培要点

土壤干燥，会导致芦笋生长发育极度迟缓。进入夏天的高温期，最少1周要浇1次水，以确保土壤中有充足的水分。

1 定植

购买市面上卖的1~2年生植株。植株中央附近萌出的芽朝上，尽可能将根部平整开后再进行移植，株距保持在30~40厘米。

2 覆盖有机物

因为芦笋不耐干燥，因此需要在畦上覆盖有机物。

3 采收和采收后的管理

粗芽长到25厘米左右，就可以适当从根部进行采收了。在那之后搭立支柱以支撑植株生长。

▲ 如果遇持续干燥，会导致芦笋发育迟缓，因此要适当进行浇水。

3

VEGETABLES THAT GROW IN THE SUMMER AND FALL

夏秋作蔬菜的栽培方法

豆科

甜豌豆

难易度
★ ★ ★

1	2	3	4	5	6	7	8	9	10	11	12

（月）

● 播种　● 采收

栽培
月历

▷来年收获　※ 不可连作（休息 4~5 年）。

春天播种或秋天播种都可以，但是要避免早播

　　栽培甜豌豆必须要注意的是要避免过早播种。如果过早播种而植株长得过大，就算及时做了防寒处理，在露地栽培中遇到寒冷也会被冻死。长江中下游及其以南地区，10 月下旬 ~11 月上旬是适合播种的时期。

　　另外，甜豌豆不适应强酸性土壤，也特别不适合连作，因此在采用石灰进行酸度调整的同时，还要注意尽可能不要连作，中间要休息 4~5 年。

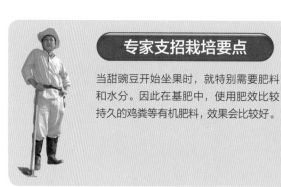

专家支招栽培要点

当甜豌豆开始坐果时，就特别需要肥料和水分。因此在基肥中，使用肥效比较持久的鸡粪等有机肥料，效果会比较好。

垄 作

1 施基肥
在计划栽培的地方，中央挖沟，多施入些过磷酸钙作为基肥，再覆土、平整土地。

2 起垄
起垄，宽 60 厘米，高 10 厘米。在畦的中央挖种植沟。

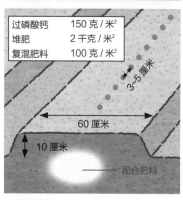

过磷酸钙	150 克 / 米²
堆肥	2 千克 / 米²
复混肥料	100 克 / 米²

3-5 厘米

60 厘米

10 厘米

配合肥料

▲ 完成垄作。

播 种

1 准备种子
准备市面上售卖的种子。甜豌豆的种子和扁豆、青豌豆的种子很相像。

2 播种
甜豌豆的特征是主茎生长，因此要一个挨着一个地放入沟里，进行条播。

▼ 间隔 3~5 厘米放入 1 粒种子。

3~5 厘米

覆盖无纺布

▲ 播种后，为了防止土壤干燥和鸟害，应覆盖无纺布。

▼ 确认发芽后，取掉无纺布。

采 收

种子长大后，每个豆荚大约重 8 克时，就可以开始采收了 。

防 寒

▼ 为了防止霜冻，可以搭细竹子。

豆科

扁豆

难易度 ★ ★ ★

1	2	3	4	5	6	7	8	9	10	11	12

（月）　　　　　● 播种　　　● 采收

栽培月历

▷次年收获。　※ 不可连作（休息 4~5 年）。

避免连作，适期播种

　　豆类蔬菜都不可连作，因为连作会引起发育不良而导致产量急剧下降。另外，该类蔬菜还不适应强酸性土壤，因此必须注意选择场所，进行土壤改良。

　　播种如果太早的话，会因冻害而导致无法过冬，因此选择适当的播种时期很有必要。春天的时候，如果土壤温度上升过高的话，地上部分会枯萎，因此可以提前准备好有机物覆盖土壤，以抑制其温度的上升。

专家支招栽培要点

扁豆植株还比较小的时候就会开花。要陆续进行采收，不要让豆荚结到 10~12 节。确认植株发育得比较良好了，再让它结豆荚进行采收会比较好。

垄 作

因为扁豆不耐强酸性土壤，因此要在基肥中多加入一点过磷酸钙，然后填土、平整土地。

▼ 起垄，宽 60 厘米，高 10 厘米。

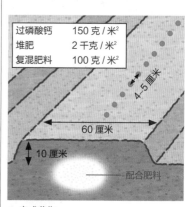

过磷酸钙	150 克 / 米²
堆肥	2 千克 / 米²
复混肥料	100 克 / 米²

4~5 厘米

60 厘米

10 厘米

—— 配合肥料

▲ 完成垄作。

防 寒

1 准备种子
准备好市面上售卖的种子。带有颜色是因为加了杀菌剂包衣。

2 挖种植沟播种
在畦的中央挖种植沟，间隔4~5厘米放入1粒种子进行条播。

3 覆土按压
盖上2~3厘米厚的土，刚好能隐藏住种子即可，然后用手轻轻按压。

4 发芽初期
下图为一起发芽的扁豆。长到这么大的话，鸟害也会变少。

防 寒

▼ 为了防止霜降导致的冻害，可以搭立细竹子。

搭立支柱

▼ 拔掉细竹子，然后搭立支柱，并绑上绳子防止倒伏。

采 收

对于果实开始膨胀的嫩豆荚，可以从基部进行采收。通常情况下，开花后10~14天左右就可以进行收获了。果实长得过大的话，生长发育就会突然变缓，因此要及时采收。

豆科

蚕豆

1	2	3	4	5	6	7	8	9	10	11	12	栽培月历

（月）　●播种　●定植　●采收

难易度
★★★

▷次年收获。※ 不可连作（休息4~5年）。

病毒和蚜虫的来袭是大敌

　　直接播种有可能会导致蚕豆不发芽，或者生长发育不均衡。如果在生长发育初期感染蚜虫传播的病毒，植株就会萎缩，甚至导致死亡。要避免出现这种情况，需要集中进行管理。定植的时候选择可以判断苗质量的容器苗，是一种聪明的做法。

　　另外，如果植株发育过度，在越冬的时候会受寒，因此要尽量避免过早播种。此外，还需要留心适期播种和定植。

专家支招栽培要点

播种后，为了防止蚜虫来袭，应覆盖白色的寒冷纱。需要注意的是，种子吸水后如果又遇干燥，会导致腐烂或者发芽不良。

播种育苗

1 准备种子

蚕豆的种子比较大。虽然也可以直接播种，但是为了避免鸟害和病虫害，可以在容器中育苗后再进行定植。

2 播种时，种子的黑色部分朝下

根和芽从种子尖端的黑色部分里长出来，因此播种的时候，要将黑色部分斜着向下插入土壤。

黑色部分

种子的黑色部分应斜着朝下。

138

1 个容器中种植 2~3 粒种子

3 在放有种子培养土的直径为 10.5 厘米的容器中，浅浅地放入 2~3 粒种子，达到在土上面可以看到一半种子这个状态就可以了。

▼ 定植后充分浇水。

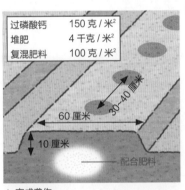

过磷酸钙	150 克 / 米²
堆肥	4 千克 / 米²
复混肥料	100 克 / 米²

60 厘米

30~40 厘米

10 厘米

配合肥料

▲ 完成垄作。

▼ 发芽的蚕豆。在真叶长出来后，保留 1 株生长发育好的，其余的疏掉。

专家妙招

如果肥料施入过多，会导致蚜虫聚集，因此基肥需要适量。

垄 作

1 挖沟
在计划定植苗的地方挖深 30~40 厘米的沟。

2 施基肥
将堆肥、过磷酸钙、复混肥料作为基肥施入。

3 起垄
重新埋上土，一边平整土地一边起垄，宽 60 厘米，高 10 厘米。

定 植

1 容器苗
准备开了 3~4 片真叶的适合定植的容器苗。

2 确定株距
将容器苗按照 30~40 厘米的株距摆放于畦内，从而确定好定植的位置。

30~40厘米

3 移植
从容器中取出苗，注意不要弄断根部。

专家妙招
容器的底部有卷曲的根，不要把它们切断，应直接进行定植。

覆盖有机物

定植后充分浇水，用堆肥等有机物进行覆盖，以防止土壤干燥。

▼定植完毕的苗。

防 寒

▼ 天气变得寒冷了，需搭立细竹子等进行防寒。

病虫害防治

蚜虫

春天，传播病毒的蚜虫会聚到新芽、嫩豆荚附近。初期有数十只，但是过了1周后，就可能变成数十倍。植株生长初期用寒冷纱覆盖，或者用银色的薄膜覆盖等，可以预防虫害，但是并不能进行完全防范，因此如果发现蚜虫，要在其增多之前通过喷洒药剂来清除。

生长发育

▼ 长大后从根部开始出现分枝的苗。

开花

▼ 定植后的次年5月，开始开花。

专家妙招 因为养分会朝豆荚部分输送，因此当植株长到60~70厘米高时，可以对尖端进行摘心。

防止倒伏

春天，当植株长到40~50厘米高时，需要进行整枝。保留7~8个比较大的分枝。在那之后，植株会继续生长，注意用绳子固定以防植株倒伏。

采收

朝向天空生长的豆荚，会由于豆子越来越重而慢慢地向下生长。当豆荚的背部出现黑线时，就可以进行采收了。

蔷薇科

草莓

难易度
★★★

1	2	3	4	5	6	7	8	9	10	11	12

（月）

● 定植　　● 采收

※ 不可连作 （休息1~2年）。

某些品种不适合露地栽培

　　草莓是很受欢迎的水果，超市里售卖的女峰、甘王等新品种，都是适合大棚栽培的品种，露天栽培的话，会因茎叶过度生长而导致很难结果。如果是露地栽培，推荐宝交早生这个品种。品种不同，果实大小也不同，对开花数也有影响。大苗的话开花多，但是果实比较小。小苗开的花大概是大苗的 1/10，但是果实比较大。我们的目标是种植果实较大的草莓。

专家支招栽培要点

草莓种植的禁忌是收获期遇到干燥。为防止干燥，要使畦的中心凹陷下去，两侧呈小山状，然后用薄膜覆盖，再在薄膜上挖孔，保证雨水可以流入。

垄 作

1 施基肥

在畦的中央挖深约 40 厘米的坑，然后在里面施入堆肥、过磷酸钙、米糠等作为基肥。

2 投入有机物

在坑里放入周边的枯草或者收获物的茎叶。

3 起垄

将周围的土埋入，一边平整土地一边起垄，宽60厘米。

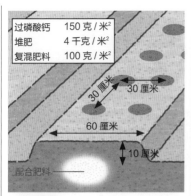

过磷酸钙	150 克 / 米²
堆肥	4 千克 / 米²
复混肥料	100 克 / 米²

30 厘米　30 厘米
60 厘米
10 厘米
配合肥料

▲ 完成垄作。

定 植

1 准备容器苗
如果土地空间充裕，可以用自己培育的苗。如果面积比较小，则可以准备市面上售卖的苗。

2 确定株距
保持行距 30 厘米，株距 30 厘米，在畦里摆放好容器苗。如果是种植多个品种，可以按品种分列种植。

3 摘除枯萎的下叶
从容器中取出幼苗，小心地摘掉枯萎的下叶。

4 定植后的苗
图中草莓绿色还比较浓，叶子也是立着的状态。真叶有 3~4 片就足够了。如果叶子很多的话，通常开的花也比较多，但是果实反而小。

5 定植 1 周后的畦
为了准备迎接冬天的到来，叶子会长开并且变红。下图左边的叶子和右边的叶子颜色不同，这是品种不同的原因。

葡匐茎与花茎的辨识
草莓在葡匐茎的对侧抽生花茎，定植时需要好好辨认。如果定植时没有辨认，随着植株生长发育，在弓背的那一侧会抽出花茎，也可以根据这个进行判断。

葡匐茎

有花茎的一侧

专家的智慧锦囊

苗究竟种多深，判断的依据在根冠部。

○ 草莓苗的根冠部，在定植时应确保稍微超出地表。

✕ 如果根冠部被深深埋在地下，初春时新芽就很难长出来，会造成发育不良。

摘 叶

冬天的时候，叶子几乎不长，因此需摘掉已经枯萎变黄的叶子。

▼ 根冠的周围有 2~3 片绿色叶子即可。

**专家的
智慧锦囊**

花茎长在通道边

如果花茎都长在通道两边，就比较容易进行采摘。另外，如果用聚乙烯薄膜，果实就不会直接接触土壤，这样也可以减少病虫害。

覆盖地膜

1 覆盖地膜

当草莓深深植根于地下后，在新叶开始生长的 2 月下旬 ~3 月上旬，对整畦进行地膜覆盖以保护果实。

2 将苗从地膜下拉出

弄破苗上面的薄膜，将整个植株拉出来，不要让叶子留在薄膜下面。

生长发育

春天，由于覆盖地膜，地温也随着气温上升而上升，因此苗开始生长，叶子也会长大。

从根冠部露出的新叶

度过严寒期后，会从根冠部长出来新叶。

开花和坐果

1 开花

到了4月，草莓植株便开始绽放花朵。

草莓的花朵里有甜甜的蜜，蜜蜂会因此聚集过来。蜜蜂是很重要的来客，如果能全面且无遗漏地进行授粉，则会长出形状好看的果实。

2 授粉和坐果

授粉后，果实就会开始长大。这个时候葡匐茎也会长出来，需要进行剪切。

采 收

果实整个成熟变红后，就可以进行采收了。最早结的果实最大，后来结的果实会越来越小。

草莓的采收方法

采收草莓的时候，保持果实与果茎呈直角方向，然后轻轻揪下，这样不会伤害到植株。

专家的
智慧锦囊 **试着用花盆栽培草莓吧**

如果想在自己家里栽培草莓，可以用大一些的花盆，进行多段式的栽培。这样既可以观察草莓的成长，也可以减少被鸟啄食带来的遗憾。

十字花科

萝卜

难易度
★ ★ ★

1	2	3	4	5	6	7	8	9	10	11	12

（月）
春播
秋播
● 播种　● 采收

栽培月历

※ 不可连作 （休息1~2年）。

秋天晚播或春分后进行播种的话，可以预防病虫害

　　萝卜有很多品种，适合栽培的时期也可细分为好多时段，但基本上选择在秋天进行播种。如果很匆忙地在8月进行播种，幼苗容易被虫子吃掉，也容易感染病毒病而停止生长，从而出现比较严重的情况。

　　就算播种比较晚，萝卜也能长得比较好，因此没有必要着急，应注意选择合适的时期进行播种。

专家支招栽培要点

折断茎叶，如果其中心部出现白色的空洞，则说明萝卜内部也开始出现空心。经常查看，以确保及时采收。

垄作

1 挖沟
在计划栽培的地方挖深约40厘米的沟。

2 施基肥
在沟里施入堆肥、复混肥料、过磷酸钙作为基肥。

146

3 起垄

填土后，平整土地做畦，宽 60~75 厘米，高 20~30 厘米。

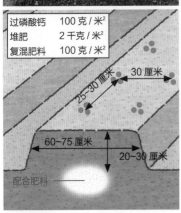

过磷酸钙	100 克 / 米²
堆肥	2 千克 / 米²
复混肥料	100 克 / 米²

25~30 厘米　30 厘米

60~75 厘米　20~30 厘米

配合肥料

▲ 完成垄作。

专家妙招　播种后，如果填入过多的土会对发芽不利，因此覆土的厚度一般在 1 厘米以内。

播 种

1 准备种子

市面上售卖的种子，为了防止发芽初期的病虫害，一般都加了杀菌剂包衣。

2 株距保持在 25~30 厘米

在畦里挖好种植沟后，按株距 25~30 厘米进行播种。

25~30厘米

3 播种

在一个地方播种 3~5 粒种子。萝卜一般比较容易发芽，为了减少疏苗工作，可以减少放入的种子数量。

采用地膜覆盖的方式种植

① 在畦里铺上薄膜，然后进行直接播种。采取这个方法，一般可以早点收获。

② 保持 20~30 厘米的间隔，每个孔里放入 3~5 粒种子。

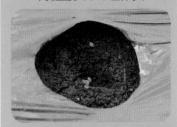

③ 播种后，为了防止病虫害，应搭建用无纺布覆盖的棚子。

④ 下图是发芽后生长至需要进行疏苗时棚里的样子。

疏苗

1 第1次疏苗
子叶张开，开始长出真叶时，进行第1次疏苗。

2 疏苗方法
用剪刀将需要疏掉的苗从根部剪掉，如此操作可以不伤害到根。

▼
其他方法
一边用手轻轻按压需要保留的苗，一边拔出需要疏掉的苗。

3 正常生长发育
下图是进行2~3次疏苗后，正常生长发育的萝卜。

病虫害的防治

菜粉蝶、小菜蛾等害虫

下图是疏苗后遭受虫害的萝卜苗，会对收获产生严重影响。播种后，要立刻覆盖寒冷纱以防止成虫飞来产卵为害，并且喷洒农药。

美味的菜叶
疏掉的苗，叶片非常软嫩，用它做汤的话很好吃。

采 收

萝卜品种不同,其采收的时期也不同。当萝卜顶部直径长到 7 厘米左右时就可以进行采收了。

7~8厘米

▼紧紧握住萝卜的顶部,直接用力拔出。

▼肉质像蔓菁一样,很适合进行腌渍的红皮萝卜。

▲肉质紧密,适合做关东煮的长 22~25 厘米的萝卜。

失败例 根菜类蔬菜,如果遇到石头,或者有未腐熟的有机物混入,根部就会受损,容易出现畸形根。因此播种前要将石头拣出或将块状物捣碎。

 专家的智慧锦囊 **折断茎叶来判断萝卜是否过了收获期**

如果将萝卜长时间放置在地里,过了收获期,萝卜中间就会出现空心,茎叶的中心部分也会出现同样的状况。折断 1 片叶子观察,看看中心部分是否有白色的空洞,如果有,就说明已经过了收获期。

十字花科

樱桃萝卜

难易度
★ ★ ★

1	2	3	4	5	6	7	8	9	10	11	12

（月）　　　　　　　　　● 播种　　● 采收

栽培月历

※ 不可连作 （休息1~2年）。

采收晚了的话，就会出现白色空洞，一定要注意

　　播种后1个月左右就可以进行采收。如果大量种植，会令后面的操作变得有些麻烦，因此不用太顾虑肥料或者垄作，稍微有一些空间的话就播一些种子，反而是比较聪明的做法。

　　樱桃萝卜的根部着色很丰富，因此可以种植各种各样的品种。但是如果过了采收期的话，果实中就会出现空洞，严重时会导致无法食用，因此要及时采收。

专家支招栽培要点

如果施肥过多，下一场雨就会导致樱桃萝卜出现开裂。肥料用尽时，肉质就会变硬，因此需要特别注意。由于短时间内就可以收获，因此通常用前作的肥料就足够了。

垄 作

在计划栽培的地里施入堆肥、过磷酸钙、复混肥料。如果前作的肥料还有剩余，不施肥也可以。

▼ 将肥料与土壤混合后平整土地。

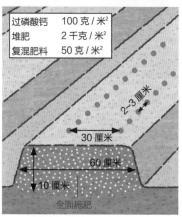

过磷酸钙	100 克 / 米²
堆肥	2 千克 / 米²
复混肥料	50 克 / 米²

2-3 厘米

30 厘米

60 厘米

10 厘米

全面施肥

▲ 完成垄作。

播 种

1 准备种子
樱桃萝卜的种子比其他萝卜的种子稍微大一些。因为用了杀菌剂包衣而呈现绿色。

2 播种
认真进行条播，间隔保持在2~3厘米。

专家妙招 樱桃萝卜采收晚了的话，很快就会在果实里出现空洞。因此，播种的时候不要一次性种很多，而是根据使用量每7~10天进行少量播种。错开采收时期的话，就可以长期体验栽培樱桃萝卜的乐趣。

发芽和疏苗

1 第1次疏苗
发芽并长出大片子叶的时候，可以进行第1次疏苗，间隔保持在3~4厘米。

2 完成疏苗
下图为完成疏苗后的田地。如果疏苗进行得晚了，就会造成徒长，而导致根部的形状变差。

3 第2次疏苗
当真叶长出2~3片时，必须进行第2次疏苗。疏苗后，为了防止苗摇晃，要将土壤稍微聚拢到根部一些。

采 收

当从土壤里露出的根部直径达到2~3厘米时就可以进行采收了。如果过了采收期，就会出现根部开裂或者出现空洞的状况，因此及时采收很重要。

气温的高低对根形状的影响
当气温高的时候，樱桃萝卜就容易长得比较竖长。气温低的时候比较倾向于长成球状，但并不影响味道。

十字花科

蔓菁

	1	2	3	4	5	6	7	8	9	10	11	12	栽培月历

（月）
春播
夏播
● 播种　● 采收

※ 不可连作 （休息 1~2 年）。

注意防范播种后干燥和害虫为害

　　蔓菁喜欢凉爽的气候，虽然春天和秋天都是比较适合播种的时期，但是遇到干燥或者害虫为害的危险性也很高，可以通过在畦的上面覆盖寒冷纱或者无纺布来进行预防。

　　发芽后，分 2 次进行疏苗，使最终的株距保持在：小型蔓菁 8~10 厘米，中型蔓菁 10~15 厘米。选择好品种进行适期栽培，一年之中都可以收获。疏掉的苗嫩软好吃，不要扔掉，做味噌汤时可以加以利用。

专家支招栽培要点

如果间隔 2 厘米播入 1 粒种子，之后的疏苗工作就会比较容易进行。如果采收晚了，就会导致蔓菁中间出现空心，因此要做好采收工作。

垄 作

1 施肥后混入土壤
将堆肥、过磷酸钙、复混肥料均匀地撒入土壤，然后将肥料和土壤进行混合。

2 起垄
平整土地，起垄，宽 60 厘米，高 20 厘米。

过磷酸钙	100 克 / 米²
堆肥	2 千克 / 米²
复混肥料	50 克 / 米²

1~2 厘米
20 厘米
20 厘米
60 厘米
全面施肥

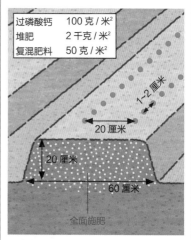

▲ 完成垄作。

播 种

1 准备种子
蔓菁的种子比较容易发芽。

2 播种
准备好种植沟，种子间距保持1~2厘米，用手指捏住后搓动手指使种子落入土壤中。

3 填土
播种后轻轻铺上土，用手轻轻按压。

疏 苗

1 第1次疏苗
发芽后，长出2~3片真叶时，就可以进行疏苗，使株距保持在4~5厘米。

2 第2次疏苗
当真叶长出5~6片时，进行第2次疏苗，使最终株距保持在8~10厘米。

▼ 其他方法
疏苗的时候可以直接把根拔除，但是，如果在比较拥挤的地方强行拔除，会把其他苗也带出来，所以最好用剪刀剪掉。

采 收

蔓菁的采收工作较轻松，可根据其大小来分批次进行。

当蔓菁的直径长到5厘米左右时，就可以陆续采收了。如果采收过晚，会导致肉质变硬，口感也会变差，另外根部也会分叉，所以要尽早采收。

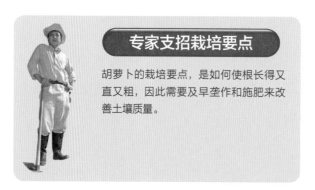

伞形科

胡萝卜

难易度
★ ★ ★

1	2	3	4	5	6	7	8	9	10	11	12

春播　夏播

（月）　　●播种　●采收

栽培月历

※ 可以连作。

让胡萝卜发芽整齐是栽培的关键

　　胡萝卜的种子吸水性差，不容易发芽，因此在畦里挖沟后，如果土壤比较干燥，可以在浇水后进行条播。为了防止大雨或者干旱，可以盖上无纺布或者报纸等直到发芽为止。

　　在幼苗期，如果叶子长得繁盛，则说明生长顺利。在长出 2~3 片真叶和 6~7 片真叶的时候进行 2 次疏苗，使最终的株距保持在 12 厘米左右。

专家支招栽培要点

胡萝卜的栽培要点，是如何使根长得又直又粗，因此需要及早垄作和施肥来改善土壤质量。

垄 作

1 起垄

翻土，然后将土捣碎。不用放入肥料，起垄，宽 60 厘米。

2 挖沟

挖宽 15~20 厘米的沟。因为计划种 2 列，所以在里面需挖 2 条沟。

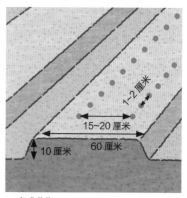

15~20 厘米
1~2 厘米
10 厘米　60 厘米

▲ 完成垄作。

播种

1 准备种子
胡萝卜的种子比较小，吸水性也比较差，因此需注意，到发芽为止不要缺水。

2 播种
用手捏住种子旋转着种入土壤里，进行条播。因为发芽需要一定的阳光，因此轻轻地盖上一层土就行了。

搭棚

1 搭棚
播种后浇水。为了保护种子免受夏季的干燥和高温影响，需要立刻搭棚。

2 发芽
下图是发芽初期的样子。这以后要防止土壤干燥。

可兼顾防虫的大棚栽培
直到叶子长到大棚的顶端为止，都可以在大棚内进行栽培，这样可以兼顾防虫。

病虫害防治

金凤蝶的幼虫
胡萝卜这样的伞形科蔬菜，有独特的香味，因此病虫害比较少，但却是金凤蝶的主要寄主。金凤蝶幼虫是一种肢体呈黑色的小虫，有绿色和黑色条状花纹的是老龄的幼虫，会突然增多，然后把茎叶吃光。

对策
注意坚持每天观察，一旦发现立即捕杀。

疏苗和追肥

1 疏苗

根据植株的生长发育状况进行 2~3 次疏苗，使最终的株距保持在 10~12 厘米。每次疏苗，都抓一把复混肥料（50 克 / 米^2）进行追肥，并且进行中耕和培土。疏苗的时候，需要确认根的大小。

2 追肥的时期

当根长到 15~20 厘米长的时候，就开始横向长粗。这个时候，是最后的追肥时期。

垄 作

▼ 当胡萝卜露出地表，土地的表面开裂后，就是采收的时期。通常，播种后经过 100~110 天，就可以进行采收。

采用地膜覆盖的方式种植

① 可以利用有孔的薄膜进行有机栽培。宽 90 厘米的畦，覆盖上有孔的宽 120 厘米的黑色薄膜，每个孔里放入 3~4 粒种子。

② 发芽后，待真叶长出 3~4 片时，选择长得好的植株。

③ 除此以外的其他植株，可以全部拔掉，每个孔里只留下 1 株植株。

收获大小相同的胡萝卜

如果土壤中有石头或者有机块状物，根遇到这些东西就会分叉而成为畸形根，因此在播种前一定要将石头拣出或将块状物捣碎。

菊科

牛蒡

难易度
★★★

（休息4~5年）。

栽培月历

1	2	3	4	5	6	7	8	9	10	11	12

（月）　　　● 播种　　● 采收

栽培又香又嫩软的牛蒡

既嫩软又储存了充足养分的牛蒡，看起来颜色很鲜明，根部长出来的横纹模样也比较均一，笔直的细根左右对称。为了使根笔直生长，需要土壤深处也有充足的养分才行。因此耕地的时候要深耕，施入品质好的、腐熟的有机肥，尽可能改善地下50厘米深的土壤排水性和通气性。推荐大家种植30~50厘米的短根品种。

专家支招栽培要点

肉质根的中间出现白色空洞，这是由于钙或者钾不足导致的。因此在深耕的同时，进行均衡施肥至关重要。

垄作

1 挖沟，施基肥

在畦的中央挖深约40厘米的沟。在沟里施入过磷酸钙堆肥、复混肥料、米糠等作为基肥。

2 填土

填埋土地，起垄，宽60厘米，高20厘米。

过磷酸钙	100 克 / 米²
堆肥	2 千克 / 米²
复混肥料	100 克 / 米²

1-2 厘米
30 厘米
20 厘米
60 厘米
配合肥料

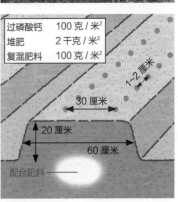

▲ 完成垄作。

157

3 挖种植沟

按行距保持在 30 厘米，挖种植沟。

播种

1 准备种子

下图是牛蒡的种子。之所以呈蓝色，是因为使用了可以防止发芽初期枯萎病的杀菌剂包衣。

2 播种

最终株距保持在 10 厘米左右。间隔 1~2 厘米放入 1 粒种子。播种后铺上土进行浇水，注意不要让水把种子冲走了。

疏苗

▶ 发芽后，子叶也展开时，进行疏苗。

为了使株距可以达到 7~8 厘米，需要进行疏苗。可以一株一株地拔，但是这样会导致附近苗的根受到牵连，因此为了避免被一起拔掉，最好使用剪刀。

追肥和中耕

当真叶生长发育旺盛时，按照 50 克 / 米 ^{2} 的标准在植株间进行追肥，轻轻地耕耘一下土地，然后进行培土。

采 收

1 采收时期
根部的直径达到 2 厘米左右就可以进行采收了。

3 采收的牛蒡
下图为挖出来的牛蒡。越嫩的越软，可以品尝别有风味的牛蒡。

2 开始挖掘
注意不要弄断根，从周围开始小心翼翼地采挖。

在渗入空隙前及时采收
如果将牛蒡长时间放置在地里的话，它就会持续长大，里面会出现空洞。这虽然也取决于品种，但是当根的直径长到 2 厘米时，一般就应该采收了。

专家的
智慧锦囊

将土拨开，采收的时候注意不要折断根

采收深深扎根于土壤中的牛蒡，是很费力气的。先用铲子挖，然后用水管将根部的土冲走，这样就可以不切断根而将其完整地挖出来。

159

百合科
大蒜

难易度
★ ★ ★

栽培月历

1	2	3	4	5	6	7	8	9	10	11	12

（月）　●定植　●采收

※ 不可连作（休息 2~3 年）。

要注意选择定植时期和合适的品种

球体的大小与温度和日照时长有关，因此纬度不同，适合的品种就不同。播种时株距保持在 10~15 厘米，深约 5 厘米，将蒜瓣按压入土壤。

遭遇 25℃ 以上的高温时，蒜瓣就会进入休眠状态而不发芽，偶尔还会腐烂，因此要避免过早种植，但是太晚的话，又会因生长时间不足而导致球体长不大。因此，要适期定植。

专家支招栽培要点

春天的时候蒜苗会抽薹，当花蕾超过了叶子的尖端时，可以采挖 1 个，测量一下蒜的大小。追肥在 3 月中旬前进行。

垄 作

1 施基肥
在计划栽培的地里，作为基肥少量投入堆肥、过磷酸钙、复混肥料等。

2 起垄
填土，平整土地。起垄，宽 60 厘米，高 10 厘米。

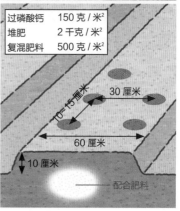

过磷酸钙	150 克 / 米²
堆肥	2 千克 / 米²
复混肥料	500 克 / 米²

10~15 厘米　30 厘米　60 厘米　10 厘米　——配合肥料

▲ 完成垄作。

栽 植

1 准备种子
购买市面上售卖的大蒜种，一瓣一瓣地剥好。

▼ 剥好的蒜瓣儿。

2 挖种植沟
确认好需要种植的植株数，挖好种植沟，株距保持在 10~15 厘米。

3 栽植
将蒜瓣儿的芽朝上，插入栽植穴里，然后进行栽植。

专家妙招 选择 7 克以上的大一些的蒜瓣儿进行栽植，不要选用过小或者腐烂的蒜瓣儿。另外，种得太深会导致其生长发育迟缓，因此深度保持在 5 厘米为宜。

追 肥

▼ 磷肥对于蒜的生长有好处，因此可在 2 月上旬~3 月中旬，每米种植行撒入一把（50 克）过磷酸钙。

专家妙招 如果追肥晚了，大蒜植株就会容易生病，因此要把握好追肥的时间。

摘 蕾

▼ 植株到了生长发育的繁盛期会抽薹，这时要早点剪掉花蕾。

采 收

待 30%~50% 的叶子变黄时就可以采收了。应选择晴天的时候采收。

百合科

洋葱

| 1 | 2 | 3 | 4 | 5 | 6 | 7 | 8 | 9 | 10 | 11 | 12 |

（月）　●播种　　●定植　　●采收

难易度
★★☆

栽培月历

※ 可以连作。

定植苗的大小和定植时期决定栽培成败

　　洋葱可分为早生、中生、晚生等不同品种。品种决定了定植时期和苗的大小。定植时期，早生品种在 11 月上中旬，中晚生品种在 11 月中下旬。可根据根的白色部分的粗细来判断苗的大小，理想的是直径 5 毫米，最大的是直径 8 毫米。如果直径达到 10 毫米以上，则春天的时候就会出现分球或者抽薹的现象，这个时候就需要及早采收了。

专家支招栽培要点

秋天播种，最后一次追肥时，将磷酸成分含量多一些的肥料施入行间。此工作尽量在 3 月中旬前完成，追肥太晚会诱发疾病，因此要多注意。

垄作

要育苗就要先准备起垄。每平方米施入 2 千克堆肥，各撒一把（50 克）过磷酸钙和复混肥料，与土壤混合后平整土地。起垄，宽 60 厘米，高 10 厘米。

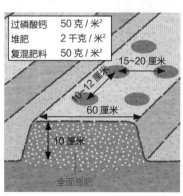

过磷酸钙	50 克 / 米²
堆肥	2 千克 / 米²
复混肥料	50 克 / 米²

15~20 厘米
10~12 厘米
60 厘米
10 厘米
全面施肥

▲ 完成垄作。

播种和育苗

▼ 洋葱的种子，乍一看跟葱的种子没有区别。

1 挖种植沟

在畦里挖行距 15~20 厘米、深约 2 厘米的种植沟。

专家妙招 按压种植沟里的土壤，使得种植沟比土地的表面稍微低一些，这样播种的时候就可以轻松看见种子了。

2 播种

种子的间隔保持在 1 厘米左右。沿着种植沟，搓动手指将种子种入土中。

专家妙招 1 米² 的土地面积可以生长 500 个芽，考虑好大致的定植量后计算播种数量。

3 覆盖土壤

播种后，在种子上面覆盖 1 厘米厚的土，并用铁锹等拍打土壤表面，使种子与土壤密切贴合。为了不被雨淋，可以在上面覆盖无纺布等材料。注意不要浇水。

4 取掉无纺布

快的话 4~5 天就会发芽。如果发芽到下图所示这个高度，就可以取掉无纺布了。

5 育苗结束

下图是培育好的洋葱苗。播种后要花费 2 个月左右的时间才能完成育苗工作。

6 取出苗

当苗高到 20~25 厘米，茎粗达到粗 5~6 毫米时，就可以取出苗了。如果长成茎粗 10 毫米以上的大苗，春天时就比较容易长出葱花，洋葱品质受损的概率一下就提高了。

粗苗和细苗的区别

先将洋葱的苗按粗细进行区分，然后进行移植。这样的话，整体上就可以保证大小一致了。如果将粗苗和细苗不加区分就一起种植，细苗就会耐不住竞争，生长被抑制，失去生产作用。

专家妙招 培土后，让根和土壤密切贴合，可以促进新根的生长。另外，为了避免风霜等将苗翻起来，需用脚踩踏根部进行加固。用脚踩后，再用枯草和堆肥等有机物覆盖根部。

定 植

1 挖沟

将堆肥、过磷酸钙、复混肥料与土壤混合后，平整土地，起垄，宽度为 60 厘米，高度为 10 厘米。挖行距 20 厘米，深 5~6 厘米的种植沟。

2 摆放幼苗

将粗苗和细苗按照不同的组，间隔 10~12 厘米放入土壤里。为了使根和土壤密切贴合，放置的时候需将根靠着沟壁放置，并且按压进去。

3 培土

定植后，给根部进行培土。如果培土过多，洋葱的形状就会变得竖长。因此培土的时候，只要能够将根盖住就行了。

采用地膜覆盖的方式种植

① 跟不用薄膜的情况一样，在计划种植的地方，施入堆肥、过磷酸钙、复混肥料，与土壤混合后平整土地。起垄，宽60厘米，高10厘米。

② 平整土地，用有孔的黑色薄膜覆盖。

③ 为了不让风把薄膜吹起来，可用市面上售卖的固定工具插入畦中央的薄膜里。

④ 顺着薄膜上的孔挖洞，深度约食指那么深。将苗一株一株地放入，注意定植的深度不要超过5厘米。

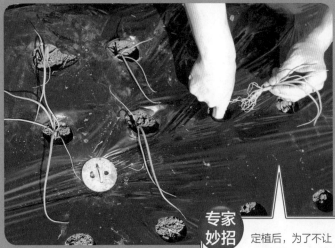

专家
妙招　定植后，为了不让根部摇晃，应稍微加一些土，然后按压固定。

◀ 地膜覆盖完成。

定植后，如果苗快倒了，或者叶子的尖端呈现茶褐色，不用太担心，长出新根后它们就会再立起来。

采 收

1 采收时期

春天的时候，洋葱长大。观察洋葱植株，如果 60%~70% 的根茎部折断弯曲，就可以进行采收了。

专家妙招 根茎部折弯，这是叶子通过光合作用产生的养分，充分储藏在洋葱球体里的信号。如果采收迟了，会导致球体变软，因此千万不要错过采收期。

▼ 采收的洋葱。

▼ 红洋葱。

好吃的叶洋葱

在洋葱长到足够大之前，叶子非常嫩软，因此整个植株可以作为叶洋葱食用，入口即化，十分美味。定植时，也可以种植出叶洋葱用的特粗苗，4 月下旬的时候，会在地里发现快要长出葱花的植株。如果长出葱花的话，洋葱的芯就会变硬而不能食用，这种植株需要拔掉。收获叶洋葱也是不错的选择。

2 采收

将洋葱从土壤中拔出，直接摆放在田地上。就算是下雨也不用太着急。根离开了土地，就算是淋雨也能立刻变干。但是如果过了采收期，洋葱容易吸收水分，储藏的时候便更容易腐烂。因此就算下雨，只要雨比较小，也可以直接采收。

专家的智慧锦囊

保存洋葱时，必须连着茎叶

保存采收好的洋葱时，应将大小相同并且连着茎叶的洋葱以 5~10 个为单位绑在一起，放在通风且干燥的地方。如果捆绑过紧，会导致绑的地方腐烂而使洋葱掉落，因此需要松绑。

另外，如果在没有充分干燥的状态下就切断茎叶，切口处会溢出汁液，这也是造成洋葱发霉、腐烂的原因。因此，在充分干燥后，保留 5 厘米左右的茎，然后切除剩余的部分。这样就不用担心洋葱腐烂了。

薤白

栽培月历

1	2	3	4	5	6	7	8	9	10	11	12

（月）　●定植　●采收

难易度
★★★

※ 可以连作。

选择沙地等土壤进行栽培

　　薤白吸收肥料的能力很强，在干燥、贫瘠的土地上也可以生长；但是不耐湿，在容易积水的土质中鳞茎易腐烂，因此要选择排水性比较好的地方。黏土质的话，鳞茎会长得比较圆；土质肥沃的话，鳞茎会长得偏大，但这样会导致口味变差。如果要栽培品质好的小、中型品种，沙地比较适合。如果前作的肥料还有残效的话，可以进行无肥料栽培。

过磷酸钙	150 克 / 米²
堆肥	4 千克 / 米²
复混肥料	50 克 / 米²

20 厘米　20 厘米

10 厘米　60 厘米　全面施肥

▲ 完成垄作。

专家支招栽培要点

想要收获大点的时候，就定植1株苗；想要收获稍微小一点的时候，可以一起定植 2~3 株。如果肥料或者土壤水分过多，会导致植株生长缓慢，需要注意。

1 垄作

在计划栽培的地里，施入堆肥、过磷酸钙和复混肥料等，与土壤混合后平整土地。垄作，宽60 厘米，高 10 厘米。

2 定植

准备好作为种子用的薤白。在畦里挖沟，在沟中将芽朝上分别插入 1~2 个，株距保持在 20厘米。定植后，覆盖上土轻轻按压。

3 采收

定植后，大约在次年的 6 月，地上的植株就会枯萎，这个时候正是采收的时期。拔出整株即可。

百合科

韭葱

	1	2	3	4	5	6	7	8	9	10	11	12

难易度
★ ★ ★　（月）　　●播种　●采收

※ 不可连作（休息 1~2 年）。

一年当中有很多做法的韭葱

　　如果根据播种时期选择葱的品种，基本上一年当中不论什么时候都可以进行种植。从细细的小葱到茎长粗了的葱，都可以配合具体的使用情况而进行采收利用。如果采收了的话，也可以切好后放在冰箱里冷藏保存。

　　不同品种的葱，其特性也不同。一般韭葱定植时的株距保持在 5~7 厘米，然后一边培土一边进行栽培，最后可以收割茎白叶绿的韭葱。

专家支招栽培要点

等到韭葱长大后再进行追肥，会诱发病虫害，因此要在栽培的时候进行一次性施肥。为了防止生长发育时的土壤干燥，要注意勤浇水。

垄 作

将堆肥、过磷酸钙、复混肥料撒入土壤并且混合，平整土地后起垄，宽 60 厘米，高 10 厘米。

▼ 挖种植沟，行距 20 厘米。

播 种

1 准备种子
韭葱的种子与大葱的种子完全相同,注意不要弄混。

过磷酸钙	150 克 / 米²
堆肥	2 千克 / 米²
复混肥料	500 克 / 米²

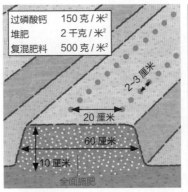

2~3 厘米
20 厘米
60 厘米
10 厘米
全面施肥

▲ 完成垄作。

2 播种
在种植沟里,种子的间隔保持2~3厘米进行条播。

专家妙招 栽种韭葱的时候不要疏苗,因此播种的时候要注意种间距。

3 培土
播种后,轻轻盖上一层土并且按压。

4 浇水
播种后要充分浇水。

发芽和浇水管理

1 发芽
播种后经过1周,就会整齐发芽。

2 浇水管理
为了防止土壤干燥,在其生长期内应浇适量的水。

采 收

与大葱不同,韭葱一般长到15厘米以上,就可以根据用途进行适量采收了。

韭菜

播 种

1 采收种子
从开花结种的韭菜尖端采收种子。

1	2	3	4	5	6	7	8	9	10	11	12	栽培月历

（月）　　　　　　●播种　　　●定植　　　●采收

※ 可以连作。

难易度
★ ★ ★

不挑剔土壤，但是不耐潮湿

韭菜耐干燥，但是不耐潮湿，因此栽培的时候要选择排水性好的地方。移植的时候，株距保持在 20 厘米左右，将根移植入土壤深处，至根全部埋在地里为止。

移植的第 1 年，不要采收。抽薹后，茎保留 5~6 厘米，其余的要及早收割。开始降霜时，将地上枯萎的部分割掉，然后在根部覆盖枯草等使其过冬。

2 挖种植沟
根据需要挖好种植沟。韭菜可以长期进行栽培。把它种植在田地的角落，还可以有效地防止病虫害。

专家支招栽培要点
移植后经过 2~3 年，植株就变老了，叶子就会变得又细又薄，品质也会下降，因此需要 3 年采挖 1 次，将 1 株分为 5~6 个芽，然后重新进行移植。

3 条播

在沟里放入种子后进行条播。轻轻盖上一层土，然后轻轻按压。

过磷酸钙	100 克 / 米²
堆肥	2 千克 / 米²
复混肥料	50 克 / 米²

1~2 厘米

30 厘米
60 厘米
10 厘米

配合肥料

▲ 完成垄作。

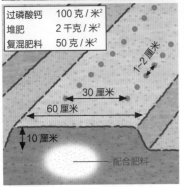

专家的
智慧锦囊

很好的伴生植物

一旦在田地里种入韭菜，每年春天就会开花结种，种子自然掉落后植株会越来越多。韭菜作为其他蔬菜的伙伴，可以抑制土壤中的病原菌感染其他蔬菜，因此在不影响其他蔬菜生长的范围内可以任其生长，同时还可以收获韭菜，可谓一举两得。

采 收

当韭菜长到 20 厘米高时，可在距离根部 4~5 厘米的地方进行收割。当再次长出新芽时，又能继续收割。

分株移植的方法

① 移植 2~3 年后，发现叶子变细了，就可以把它全部挖出。

② 挖出的植株，按照 1 株 5~6 个芽的标准进行分株。

③ 挖种植沟。株距保持在 20 厘米左右，进行移植。

④ 移植后，为了让植株和土壤密切贴合，可以用脚踩压土壤。

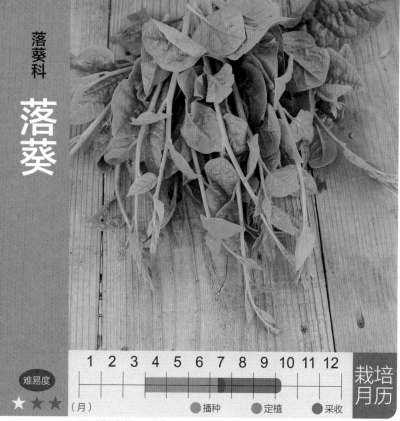

落葵科

落葵

难易度
★ ☆ ☆

1	2	3	4	5	6	7	8	9	10	11	12

（月）

● 播种　● 定植　● 采收

栽培月历

※ 不可连作（休息1~2年）。

5月中旬播种，最容易栽培

落葵发芽需要20~30℃的高温。如果采用露地栽培，最容易种植的方法是5月中旬进行播种。株距保持在25~30厘米之间，深度约5厘米，每个地方放2~3粒种子，当长出3片真叶时，保留子叶大且茎粗的那株。也有通过容器，育苗后再定植的方法。还有不种在地里，而是让它缠绕在栅栏上生长，兼顾观赏的栽培方法。

▲ 完成垄作。

过磷酸钙	100 克 / 米²
堆肥	2 千克 / 米²
复混肥料	100 克 / 米²

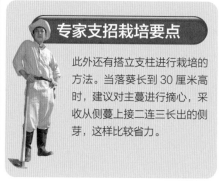

专家支招栽培要点

此外还有搭立支柱进行栽培的方法。当落葵长到30厘米高时，建议对主蔓进行摘心，采收从侧蔓上接二连三长出的侧芽，这样比较省力。

1 播种

在计划栽培的地方全面施基肥，起垄，挖种植沟。株距保持在25~30厘米，放入2~3粒种子进行点播。

2 摘心

发芽长出真叶后，为了侧蔓的萌出，等落葵长到30厘米高时对主蔓进行摘心。

3 采收

长出侧芽后，在距离藤蔓顶端15~20厘米的位置轻松地用手将其折断即可。

172

十字花科

白菜

难易度

★ ★

栽培日历

1	2	3	4	5	6	7	8	9	10	11	12

（月）　●播种　●定植　●采收

※ 不可连作（休息2~3年）。

对于白菜而言，适期播种、定植很重要

　　当白菜幼苗遇到低温时，会无法结球而只是长叶子。播种时，一定要注意9月下旬后的晚播。虽然可以进行直接播种，但是为了保证均衡生长，防止虫害，推荐购买市面上售卖的已经长出4~5片真叶的苗，进行移植。迷你白菜，株间距保持在20厘米左右就可以了，一般的650型花盆（尺寸约65厘米 ×25厘米 ×18厘米）也可以定植3~4株。

专家支招栽培要点

最好可以一次性施入基肥，而不再进行追肥。为了防止肥料耗尽，可以在开始结球的时候，追施具有速效性的复混肥料或者油渣。

垄作

1 施基肥
在畦的中央挖深约40厘米的沟，在沟里施入堆肥、干燥生活垃圾、复混肥料、过磷酸钙、硫酸铵等。

2 起垄
将土重新埋入沟里，平整土地。起垄，宽60~75厘米，高10厘米。

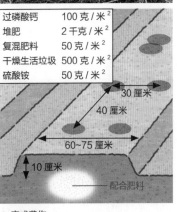

过磷酸钙	100 克 / 米^2
堆肥	2 千克 / 米^2
复混肥料	50 克 / 米^2
干燥生活垃圾	500 克 / 米^2
硫酸铵	50 克 / 米^2

30 厘米

40 厘米

60~75 厘米

10 厘米

配合肥料

▲ 完成垄作。

定 植

1 准备苗

长出 4~5 片真叶的苗，是最适合移植的苗。如果长得过大，会对扎根不利，因此要尽可能使用嫩苗。

2 确定株距

定植时，常规品种的白菜，株距保持在 40 厘米；迷你白菜，株距保持在 25~28 厘米。

专家妙招 如果株距太近，会导致相邻的白菜互相竞争而无法结球，叶子变少，容易长成比较松的半球状。因此，株距宽一些比较好。

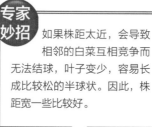

20厘米 20厘米

3 从容器中取出苗

白菜的根比较细，如果断了的话，再长出新根比较难。因此要谨慎取出，注意不要弄伤根部。

4 移植

为了防止刮风或者雨水吹打植株，可以在根部培土加以固定。

5 浇水

定植后，立刻充分浇水以促进植株成活。

直接播种

株距保持在 40 厘米，每个地方点播 4~5 粒种子。当长出 2~3 片真叶时，进行疏苗，每个地方保留 2 株。当真叶长出 5~6 片时，再次疏苗，只保留 1 株。一般来说，直接播种的植株生长发育会比较早，但是容易遭遇虫害，而且疏苗工作也很费功夫，而在容器中育苗后再进行移植更便于管理。

搭 棚

白菜在生长初期遇到的虫害会比较多。可以覆盖寒冷纱，或者以无纺布搭建大棚，一直到真叶越长越多、外面的叶子越来越大为止。

▼ 开始结球的白菜。

采 收

按压结球的白菜头部，如果变硬变紧的话，就可以进行采收了。将刀插入根部，然后整株切掉。

▼ 去掉外面的老叶。

防寒措施

当变得寒冷并且有霜时，白菜会遭受冻害。为了防止结球的内部受到伤害，可用外面的叶子将白菜包裹好。可以这样一直放置到2月，再根据需要进行采收。

专家的
智慧锦囊

白菜的菜花特别好吃！

白菜逾期播种或定植，或者定植的苗成活差，叶子还比较少的时候遭遇低温，就会不结球，相反叶子还会展开。虽然作为白菜来说，这样是失败的，但是这样的白菜用来炖菜或者炒菜，味道反而更甜美。

另外，如果让没有结球的白菜过冬，在春天会长出茎比较粗的菜花。摘下菜花，可以做成美味的芥末拌菜。因此，如果没有结球，也不必太过失望，可以继续期待春天的到来。

十字花科

小松菜

| 1 | 2 | 3 | 4 | 5 | 6 | 7 | 8 | 9 | 10 | 11 | 12 |

（月）　●播种　●采收

难易度 ★★★

※ 不可连作（休息1~2年）。

可以全年栽培，遇到霜降甜度会增加

除了个别特别黏的土质，小松菜几乎可以适应所有类型的土壤。由于栽培期比较短，因此需要事先将基肥与土壤进行混合。为了保证出芽整齐，应施入良质的堆肥，以提高保水性和排水性。

小松菜会受到菜粉蝶或者小菜蛾导致的虫害，需要播种后覆盖无纺布，用寒冷纱或者搭建防虫网进行预防。

专家支招栽培要点

当小松菜长到 20~25 厘米高时，便进入收获期，也是其味道最浓厚的时候。收获期要控制浇水，当土壤稍微有些干燥时，叶肉会长得比较丰厚。

垄 作

1 施基肥

在计划栽培的地方，施入堆肥、过磷酸钙、复混肥料等，与土壤混合后再平整土地。

2 起垄

起垄，宽 60 厘米，高 10 厘米。然后挖种植沟，行距 20 厘米。

播 种

1 准备种子
下图是小松菜的种子。因为加了杀菌剂包衣，因此呈现绿色。

2 播种
为了省去疏苗工作，可间隔2~3厘米放入种子。

2 去除无纺布
发芽并长出真叶后，取掉无纺布。有的时候也可以一直覆盖无纺布，直到收获为止。

过磷酸钙	100 克 / 米²
堆肥	2 千克 / 米²
复混肥料	50 克 / 米²

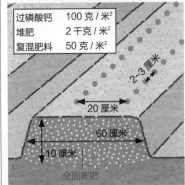

▲ 完成垄作。

覆盖无纺布

1 覆盖无纺布
播种后，为了保温、保湿，防止害虫来袭，应立刻用无纺布进行覆盖。

◀ 覆盖无纺布后，从上面浇足水。

疏 苗

在苗特别拥挤的地方进行疏苗。可以直接拔除，但是用剪刀从根部剪去的方法，不会伤害剩下的苗，也能保证接下来的生长发育顺利进行，因此推荐使用。

采 收

1 采收时期
当小松菜长到 20 厘米高时，就可以采收了。

2 采收
可以整株拔除，也可以采用将刀插入土壤直接切除根部的方法。后一种方式不会伤害剩下的其他植株，也比较容易。

错开收获期的方法
小松菜被长时间放置在田地里，会长得过大，茎会变硬，口味也会变差。间隔 7~10 天进行播种，从而错开收获期，是很不错的种植方法。

177

油菜

难易度
★★☆

| 1 | 2 | 3 | 4 | 5 | 6 | 7 | 8 | 9 | 10 | 11 | 12 |

（月）
春播
秋播
●播种　●采收

栽培月历

※ 不可连作（休息 1~2 年）。

耐暑耐寒，容易栽培

行距保持在 15~20 厘米，进行条播，或者在每个地方投入 3~5 粒种子进行点播。在拥挤的地方分 2 次进行疏苗，当真叶长出 3~4 片时疏苗，株距保持在 15~20 厘米。疏苗的时候，摘掉那些叶子颜色深、长势过强的植株。热的时候，为了抑制植株徒长和病害发生，应略拓宽株距使得通风性变好。在幼苗期的时候要好好疏苗，以保证植株的健康生长。

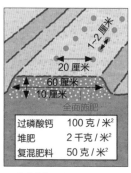

过磷酸钙	100 克 / 米²
堆肥	2 千克 / 米²
复混肥料	50 克 / 米²

▲ 完成垄作。

专家支招栽培要点

为了防止虫害，应覆盖防虫网。但是一旦害虫侵入防虫网，可能会导致更大的危害。

1 播种
在准备好的畦里挖沟，捏着种子间隔 1~2 厘米进行条播。

2 疏苗
发芽看到真叶长出来后，分 2 次进行疏苗，使最终的株距保持在 15~20 厘米。

如果株距过小，底部的张力就会变差，因此一定要保证足够大的株距。

专家妙招

3 采收
底部的张力比较差时，可以再稍等一段时间。

▲ 底部的张力比较好的油菜，从根部剪切进行采收。

十字花科

塔菜

难易度
★★

1	2	3	4	5	6	7	8	9	10	11	12

（月）　　●播种　●采收

栽培月历

※ 不可连作 （休息1~2年）。

味道好，营养价值高，适合冬天栽培

　　株距保持在15~20厘米，每个地方点播3粒种子。当真叶长出1~2片的时候，进行第1次疏苗；当真叶长出3~4片的时候，进行第2次疏苗。

　　长出4~5片真叶时，可以一边疏苗一边采收。如果冬天天气太冷，春天的时候就会抽薹，因此应选择在抽薹前进行采收。或者在开花前采收，因为薹其实也很好吃。

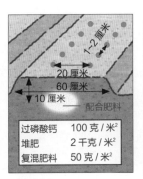

20厘米
60厘米
10厘米
1~2厘米
配合肥料

过磷酸钙	100克 / 米²
堆肥	2 千克 / 米²
复混肥料	50 克 / 米²

▲ 完成垄作。

专家支招栽培要点

虽然可以进行连作，但是虫害是最大的危害，因此播种后到收获为止，可以使用无纺布或者寒冷纱覆盖，以防止虫害。

1 播种
垄作，宽60厘米，高10厘米，然后挖种植沟，将种子点播入土。

2 疏苗
发芽长出真叶后，分2次进行疏苗，使最终的株距保持在15~20厘米。

3 采收
当叶子伸展开来，直径达到20厘米左右时，就可以剪切根部进行采收。如果害虫比较多，可以覆盖寒冷纱来防治。

十字花科

水菜

1	2	3	4	5	6	7	8	9	10	11	12

（月）

● 播种　　● 采收

栽培月历

※ 不可连作（休息1~2年）。

耐寒，比较容易种植的人气蔬菜

除去盛夏或者严寒期，水菜基本上一年中的任何时候都可以进行播种。保持最终株距5~7厘米、行距15~20厘米，在每个地方放入3~4粒种子进行点播。当长出2~3片真叶时进行疏苗，保留1株就行。

如果前作施入了肥料，则没有必要再施入基肥。如果肥料效果过强的话，会导致叶子变硬，就不适合用来制作沙拉了。

专家支招栽培要点

如果土壤干燥，植株生长发育就会缓慢。一直到长出5~6片真叶为止，都需要进行灌水以防止土壤干燥。覆盖有机物进行栽培的话，泥土不会溅起，也便于进行采收。

垄作

在计划栽培的地里，施入堆肥、过磷酸钙、复混肥料，与土壤混合后平整土地。起垄，宽60厘米，高10厘米。挖种植沟，行距20厘米。

播种和生长发育

▼ 水菜的种子。

过磷酸钙	100 克 / 米²
堆肥	2 千克 / 米²
复混肥料	50 克 / 米²

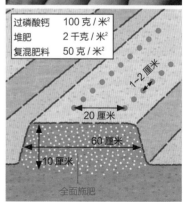

1~2 厘米

20 厘米

60 厘米

10 厘米

全面施肥

▲ 完成垄作。

1 播种

捏着种子，搓动手指将其播入沟里，间隔 1~2 厘米进行条播。

采收

下图为发育得很整齐的水菜。当水菜长到 25 厘米高的时候，就可以依次收割了。

水菜在收割后很容易受伤，因此只采收自己需要的量就行了。即使是低温期，水菜也会继续生长，因此将收获期错开，间隔 7~10 天进行播种是比较好的方法。

2 生长发育

左图为真叶长大展开的状态。这个时候疏苗，株距保持 5~7 厘米。不疏苗就这样生长，也没什么问题。

专家的
智慧锦囊

如果用来做沙拉，应趁茎叶还比较嫩软的时候收割。
如果是吃火锅，还是等待植株再长大一些吧。

如果用来做沙拉，采收比较鲜嫩的，长 20~25 厘米的茎叶比较好。如果是吃火锅，则可以等植株再长大些。但是植株越大，茎叶就会越硬，也会影响到口感，因此要及时收割。不论怎么吃，都可以采用直接拔出整株植株的方式采收。

▲ 长成这样大小的话，刚刚好。

◀ 长得过大，茎叶就会变硬，口感也会变差。

十字花科

甘蓝

栽培月历

1	2	3	4	5	6	7	8	9	10	11	12

（月）

春播　　夏播

● 播种　　● 播种　　● 采收

难易度
★★★

※ 不可连作（休息2年）。

品种丰富，可以整年进行栽培

根据栽培时期选择品种。秋天播种、春天收获的话，应选择温暖的地方，在8月中旬~9月中旬期间依次播种。温度高的时候播种，伴随的干燥和虫害的风险会加大。因此在容器中播种育苗，之后再整畦进行定植的方法比较安全。

一次性施入基肥，此后不再进行追肥。但是当肥料不够的时候，可在开始结球时进行一次追肥。

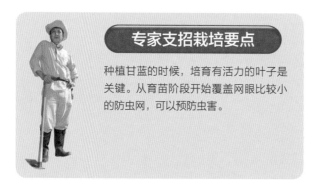

专家支招栽培要点

种植甘蓝的时候，培育有活力的叶子是关键。从育苗阶段开始覆盖网眼比较小的防虫网，可以预防虫害。

育 苗

1 准备种子
下图是甘蓝的种子。一般应是茶褐色的，加了可预防枯萎病的杀菌剂包衣而呈现出紫色。

2 播种
在直径12厘米的容器中放入培养土，间隔2厘米放入1粒种子，然后轻轻覆土并且浇水，等待发芽。

3 发芽
播种后3~5天开始发芽，子叶展开，可以看到真叶。

4 移植

当真叶长出 2~3 片时，将苗从容器中拔出，一株一株地分开。在直径为 9 厘米的容器中放入培养土，将苗一株一株地移植到容器中，一直培养到适合定植的大小为止。

垄 作

1 施基肥

在计划定植的地方挖深约 40 厘米的沟，然后施入堆肥、干燥生活垃圾、过磷酸钙等。

▲ 施入有机质和复混肥料等混合的基肥。

2 起垄

填埋土，平整土地。起垄，宽 60~70 厘米，高 10 厘米。

▼ 完成垄作。

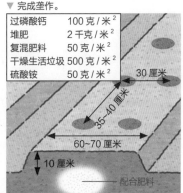

过磷酸钙	100 克 / 米^2
堆肥	2 千克 / 米^2
复混肥料	50 克 / 米^2
干燥生活垃圾	500 克 / 米^2
硫酸铵	50 克 / 米^2

30 厘米

35~40 厘米

60~70 厘米

10 厘米

配合肥料

病虫害防治

对策 甘蓝上容易聚集很多害虫。可以通过使用防虫网或者寒冷纱搭建大棚的方式进行预防。

小地老虎

会潜入甘蓝的根部取食，夜晚出来咬断茎。

菜青虫

菜粉蝶的幼虫，啃食叶子。

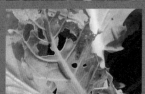

黏虫

夜晚出来吃叶子，严重的时候会吃光叶子，仅仅剩下叶脉。不仅仅会影响植株的生长发育和外观，有的时候还会导致甘蓝没有可以食用的部分。

定 植

1 准备苗
下图是真叶长出 4~ 5 片，可以定植的容器苗。

2 取出苗
注意不要将根部弄断，从容器中小心地取出苗。

3 定植
按株距 35~40 厘米进行定植。将苗浅浅地种进去，达到子叶露出地表的程度就可以了。然后用手按压根部。

专家妙招 定植后，为了防止土壤干燥和杂草生长，可以在畦上整体覆盖枯草等有机物。

4 浇水
覆盖有机物后，充分浇水。

品 种 介 绍

如果选择好甘蓝的品种，基本上一年当中都可以进行收获。甘蓝可以生食，也可以炖食，也可以炒食。

金系 201 号
这是在日本全国都有栽培的春甘蓝的代表品种。很水嫩，适合生食。

YR 青春 2 号
不容易生病，是耐热性、高温结球性都比较好的早生品种。叶子浓绿富有光泽，嫩软有甜味。

YR 年轻人
适合春天、夏天播种的早生品种。叶子呈嫩绿色，很适合食用。发生球体开裂的现象比较少，因此即使采收晚了也不会导致种植失败。

搭棚

1 搭棚
为了防虫，定植后应立刻采用寒冷纱搭棚的方式栽培。

2 生长发育
下图是在大棚中顺利生长的甘蓝。为了预防害虫，只要大棚内还有空间，就可以一直在棚内种植。

采收

1 采收的时期
甘蓝品种不同，采收的时期就不同。如果从上面看球的直径有20厘米大，用手按压感觉包裹紧紧的，就可以陆续进行采收了。

刚刚采收的甘蓝
下图是刚刚采收的鲜嫩的甘蓝。不论是拌沙拉，炖食还是炒食，刚刚采收的甘蓝都无比美味。

2 裹着外叶进行采收
采收的时候，要附带着外面2~3片叶子一起割下，然后再将外叶剥去。这样的话，采收的甘蓝会很干净。而且保存的时候，裹着外叶可以减少伤害。

专家妙招　如果放松警惕的话，大棚反而会成为保护害虫和鸟的地方。右图即是由于没有发现大棚内的黏虫，而导致被其食害的甘蓝的样子。如果被蚕食到这个程度，基本上也就不要期待有收获了。

| 1 | 2 | 3 | 4 | 5 | 6 | 7 | 8 | 9 | 10 | 11 | 12 |

（月）

● 定植　　● 采收

栽培月历

难易度
★★★

※ 不可连作（休息 2 年）。

不耐高温，秋冬栽培是关键

抱子甘蓝跟夏天播种的甘蓝的管理方法几乎一样。与甘蓝相比，抱子甘蓝的生长发育比较慢，茎因为比较长而容易倒伏，因此要在根部充分培土以稳定植株。

当发现茎上结球后，为了保证良好的通风和光照，要依次摘取植株下面的叶子，最终只保留上面的 10 片叶子。当茎周边结的花蕾直径达到 2~3 厘米时，就可以从根部剪切，进行采收了。

专家支招栽培要点

为了收获丰盈的抱子甘蓝，初期的生长发育起了关键性的作用。当茎粗长到 4~5 厘米时，即要好好地施入基肥进行培育。

垄 作

1 挖沟
在计划定植的地方挖深约 40 厘米的可施基肥用的沟。

2 施入基肥、起垄
将堆肥、过磷酸钙、复混肥料等作为基肥施入沟内，填土后平整土地。起垄，宽 60 厘米，高 10 厘米。

定 植

从容器中取出苗，按株距 40 厘米进行定植。定植用苗，以市面上售卖的苗比较好。

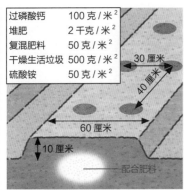

过磷酸钙	100 克 / 米²
堆肥	2 千克 / 米²
复混肥料	50 克 / 米²
干燥生活垃圾	500 克 / 米²
硫酸铵	50 克 / 米²

30 厘米

40 厘米

60 厘米

10 厘米

配合肥料

▲ 完成垄作。

搭 棚

▼ 定植后，可以覆盖上无纺布或者寒冷纱，以预防虫害。

摘 叶

1 长出芽球

随着植株进一步生长，叶子长得越来越多，就会露出芽球。

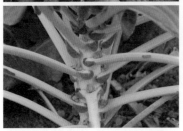

2 剪切下叶

为了保证充足的日照和良好的通风，保留上面的 10 片叶子，其余的都剪掉。

专家妙招 依次剪掉下面老化的叶子，可以帮助果实长大。

▼ 下图为剪掉下叶的状态，如此可以保证充足的日照。

采 收

芽球的直径就是采收的标准。当芽球直径长到 2~3 厘米时，可以用剪刀将其从根部剪掉。如果采收迟了，芽球就会展开，因此需要及时采收。

▼ 采收的抱子甘蓝。

西蓝花

难易度
★★☆

| 1 | 2 | 3 | 4 | 5 | 6 | 7 | 8 | 9 | 10 | 11 | 12 |

(月)　●播种　●定植　●采收

栽培月历

※ 不可连作（休息2年）。

配合栽培时期选择品种

配合栽培时期选择品种十分重要。比较好种植的是夏天播种的品种，年内就可以收获比较大的顶端开花的花蕾。在那之后，还可以长期陆续收获侧枝长出来的花蕾，这则是一种中、晚生的品种。

定植西蓝花幼苗，使得外叶充分生长，当花蕾还没有完全打开时便是采收的时期。当花蕾的直径长到15厘米左右时，就可以进行采收了。一定要注意采收的时间。

专家支招栽培要点

当土壤干燥或者肥料耗尽等情况出现时，花蕾就会长得不紧凑，因此需要在根部覆盖堆肥或者枯草等有机物。

育 苗

1 准备种子

西蓝花的种子一般呈茶褐色。为了预防枯萎病，通常使用杀菌剂包衣而使种子表面呈紫色。

2 播种

在直径为12厘米的容器内装入培养土，间隔2厘米放入1粒种子，轻轻覆土，然后浇水，等待发芽。

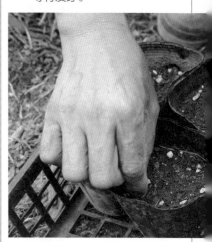

3 发芽

播种后3~5天便开始发芽，长出子叶。

4 移植

当真叶长出 1~2 片时，将苗从容器中取出，一株一株地分开，然后一株一株地移植入直径为 9 厘米的容器中。

专家妙招 这个时候要选择定植的植株。如果植株还有富余，可直接扔掉那些徒长的植株或者叶子畸形的植株。

过磷酸钙	100 克 / 米^2
堆肥	2 千克 / 米^2
复混肥料	50 克 / 米^2
干燥生活垃圾	500 克 / 米^2
硫酸铵	50 克 / 米^2

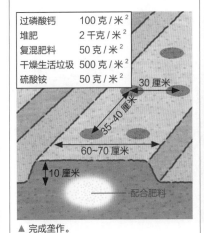

▲ 完成垄作。

垄作

1 挖沟然后施基肥

在计划移植的地方挖深约 40 厘米的沟，并在里面施入基肥。

▼ 作为基肥施入堆肥、干燥生活垃圾等。

2 施入复混肥料

在基肥上面施入复混肥料（过磷酸钙或者水溶性磷肥）。

3 起垄

填埋土壤，平整土地。起垄，宽 60~70 厘米，高 10 厘米。

定 植

准备好容器苗，按株距 35~40 厘米进行定植。

覆盖有机物和搭棚

1 用有机物覆盖
定植后，为了防止土壤干燥和杂草生长，可用枯草等有机物进行覆盖。当土壤干燥了，就在有机物上充分浇水。

专家妙招 大棚会被风吹跑，因此可在大棚上面用绳子或者支柱固定。

2 搭棚
为了预防虫害，可用寒冷纱搭棚。

▶ 大棚内顺利生长的西蓝花。

花青素

西蓝花为了抵御严寒，会分泌一种叫作花青素的物质。当严寒来临时，花蕾或者叶子的表面就会变成紫色。品种不同，其颜色深浅就会不同。近年来因为比较重视外观，因此反而比较倾向于种植看不出花青素的品种。外表看上去，花蕾呈现出比较暗淡的颜色，但是放入热水中立刻变成鲜艳的绿色。另外，花青素还具有抗氧化的功效。所以，我们大可以安心地采收、烹饪西蓝花。

采　收

1 采收时期

当花蕾的直径长到 15 厘米左右时，就可以进行采收了。长得过大，花蕾品质就会下降，因此应尽早采收。

刚刚采收的西蓝花

下图为刚刚采收的西蓝花，花蕾整体比较紧凑，花粒还没有绽开。刚摘下的新鲜的西蓝花，维生素 C 含量是柠檬的 2 倍，是富含矿物质的健康蔬菜的代表，也是很受欢迎的蔬菜之一。西蓝花一年四季都能在市场上买到，自家菜园种植的新鲜的西蓝花特别美味。

2 剪切

西蓝花粗粗的茎叶也可以食用，因此可以保留 15~20 厘米长的茎。剪切的时候可以留得长一些。

专家的
智慧锦囊

可以接二连三地收割侧芽上长出来的花蕾，种植西蓝花，很划算哦。

3 采收后

下图为刚刚剪掉花蕾的西蓝花植株。从侧芽会长出来小的花蕾，因此还可以继续种植。

西蓝花有很多品种，包括很难长出侧花蕾的品种，因此在购买种子或者苗的时候，需要进行确认。家庭菜园进行栽培的时候，可以体验长期收获的乐趣，因此选择可以长出侧花蕾的品种比较好。

十字花科

花椰菜

难易度
★★☆

	1	2	3	4	5	6	7	8	9	10	11	12	栽培月历

(月)　●播种　　定植　　采收

※ 不可连作（休息2年）。

用幼苗进行定植，促进外层叶子的生长发育

选择长了4~5片真叶的苗进行定植，株距保持在30~40厘米。叶子比较多的老化苗，定植后根也长不大，因此尽可能用幼苗进行定植。随着花蕾长大，可以用外面的叶子包裹住花蕾进行保护，以防止受到冻害或者被晒伤。用手轻按花蕾，如果有紧致感，就可以进行采收了。如果变软的话，品质就下降了。

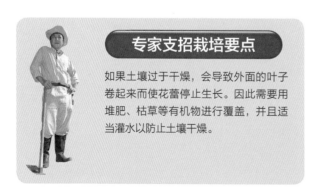

专家支招栽培要点

如果土壤过于干燥，会导致外面的叶子卷起来而使花蕾停止生长。因此需要用堆肥、枯草等有机物进行覆盖，并且适当灌水以防止土壤干燥。

育苗

1 准备种子

下图是花椰菜的种子。花椰菜、西蓝花、甘蓝的种子很难区分，需要注意。

2 播种

在直径为12厘米的容器中放入培养土，间隔2厘米放入1粒种子，轻轻按压并且浇水。

▼ 播种后3~5天发芽。

过磷酸钙	100克/米²
堆肥	2千克/米²
复混肥料	50克/米²
干燥生活垃圾	500克/米²
硫酸铵	50克/米²

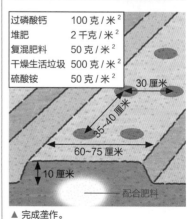

30厘米
35~40厘米
60~75厘米
10厘米
配合肥料

▲ 完成垄作。

垄作

1 挖沟施基肥

挖深约 40 厘米的沟。将堆肥、干燥生活垃圾、过磷酸钙、复混肥料作为基肥施入沟里。

2 起垄

填埋土，平整土地。起垄，宽 60~75 厘米，高 10 厘米。

定植

1 移植

待容器苗长出 1~2 片真叶时，将它从容器中取出，一株一株分开，然后移植入直径为 9 厘米的容器中，一直培养到真叶长出 4~5 片。

2 定植

定植前充分浇水，按株距 35~40 厘米进行定植。

专家妙招 当畦比较窄而植株数比较多的时候，采用千鸟格样式种植比较有效率。另外，当土壤干燥严重的时候，可以用枯草、堆肥等有机物覆盖在畦上面，然后充分浇水。

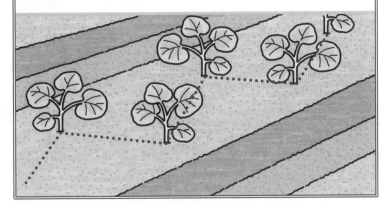

搭 棚

1 搭棚

大棚兼具预防虫害和防止干燥的作用。定植后应尽快用寒冷纱搭建大棚。

2 拆掉大棚

待植株长出花蕾后，就可以拆掉大棚了。

专家的智慧锦囊

采收纯白色花蕾的方法

当花蕾的直径达到10厘米时，用外叶包裹花蕾，再用绳子绑住进行遮光，这样长出来的花蕾就是白色的。如果不遮光的话，花蕾会呈奶油色，容易遭受霜降或者鸟害的威胁。虽然稍微费点功夫，但是还是建议用外叶包裹花蕾。

采 收

当花蕾的直径长到15~20厘米时，就可以采收了。保留5~6片外叶，将花蕾剪切下来。花椰菜不像西蓝花那样会长出侧花蕾，因此采收后就拔出茎叶，作为堆肥使用。

采收时，花椰菜要比同期的西蓝花长的大一圈。当花蕾变硬，长成圆顶状时，就可以采收了。采收后，剪切掉外叶和茎。

菠菜

栽培日历

1	2	3	4	5	6	7	8	9	10	11	12

春播

秋播

（月）

● 播种　● 采收

※ 不可连作 （休息1~2年）。

难易度

★ ★

依据播种时期选择品种

　　随着日照时间变长，菠菜比较容易抽薹。温度在25℃以上时，其生长发育会突然变差，容易发生霜霉病，因此栽培的时候，应避开在6~8月进行播种。适合播种的时期是3~4月和9~10月。

　　如果一次性播种大量种子，疏苗和采收时都会忙不过来。因此应间隔7~10天，株距保持在2~3厘米，一粒一粒仔细地进行播种。

专家支招栽培要点

菠菜不喜欢土壤水分的急剧变化，因此要适当地进行灌水，让根深深地扎于土中，自由自在地长大。氮素成分过多的肥料含有对人体有害的成分，因此要控制使用。

垄 作

1 施基肥
在计划种植的地里，施入堆肥、过磷酸钙、复混肥料。

2 整地
将施入的肥料与土壤混合，然后平整土地。

3 起垄

起垄，宽 60 厘米，高 10 厘米。挖种植沟，行距 20 厘米。

种植菠菜，当氮素成分多的时候，乍一看植株的生长发育比较好，但是消化不了的氮素会残留在茎叶上，吃多了的话对人体有害，因此施肥的时候要注意控制。

过磷酸钙	150 克 / 米²
堆肥	2 千克 / 米²
复混肥料	100 克 / 米²

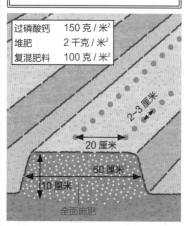

2~3 厘米

20 厘米

60 厘米

10 厘米

全面施肥

▲ 完成垄作。

播 种

1 准备种子

为了预防发芽初期的枯萎病，会在菠菜的种子表面加杀菌剂包衣。

2 播种

为了省去疏苗的工作，可间隔 2~3 厘米放入 1~2 粒种子。

▼ 发芽初期的菠菜。

▼ 真叶展开。长到下图所示大小需要花一些时间。

▲ 后期生长速度会慢慢加快。

采收

1 不伤根的采收方法

虽然也可以整株拔出，但是比较推荐用刀插入土壤中切断根的方法采收。这样的方法不会伤害旁边的根。

2 把根切整齐

采收后，把根切整齐比较好。

长期收获的方法

当菠菜长到 20 厘米左右时就可以进行采收了。如果采用一次性播种，采收的时候也得一起采收，因此应间隔 7~ 10 天以错开播种的时间进行栽培。这样就可以长时间收获新鲜的菠菜了。

专家的智慧锦囊

有孔薄膜栽培，很漂亮

菠菜也可以利用有孔的薄膜进行栽培。利用薄膜进行栽培时，由于地温升高，其生长发育也会变快，下雨时也不会导致土壤乱溅，收割时也很整齐，因此推荐尝试。

▲ 在畦上面覆盖有孔的黑色薄膜。

▲ 在一个孔里放入 4~5 粒种子。

▲ 不需要疏苗，采收时可直接拔出孔里的植株。

菊科

茼蒿

| 1 | 2 | 3 | 4 | 5 | 6 | 7 | 8 | 9 | 10 | 11 | 12 |

（月）　●播种　●采收

难易度
★★★

※ 不可连作（休息1~2年）。

3~10月，随时都可进行播种

发芽后，在长出2片真叶时进行疏苗，株距保持3厘米。当真叶长出5片时，按株距5~6厘米进行疏苗。如果种植得太过紧凑，会导致根部受潮而叶子变黑，一定要注意。

待茼蒿长到20厘米高时，就可以采收了。可以直接拔掉整株植株，也可以只摘除过了生长点的部分。侧枝长得比较多的品种可以采用后一种方法。因品种不同，采收的方式也各有不同，需要提前确认好。

专家支招栽培要点

当土壤干燥时，叶子的边缘就会变黄枯萎，生长发育也会变缓，因此在持续干燥的日子里需要充分灌水。另外，为了防止冻害，可覆盖无纺布。

垄作

在计划栽培的地里，施入堆肥、过磷酸钙、复混肥料，与土壤混合后平整土地。起垄，宽60厘米，高10厘米。挖种植沟，行距20厘米。

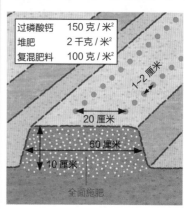

过磷酸钙	150克/米²
堆肥	2千克/米²
复混肥料	100克/米²

1~2厘米
20厘米
60厘米
10厘米
全面施肥

▲ 完成垄作。

播种

捏着茼蒿的种子，旋转手指将其播入土壤中，间隔 1~2 厘米进行条播。

▼ 发芽的茼蒿，此时刚刚长出真叶。

疏苗

待真叶长出 4~5 片时进行疏苗，保留长得好的植株，使株距保持 5~6 厘米。

采收

1 采收时期
当茼蒿长到 20 厘米高时，进行第 1 次收割。

2 持续采收
当粗的茎长到 15 厘米左右高的时候，用刀将其割下。

专家妙招
可以直接拔掉植株。也可以保留植株，剪切掉需要的部分，然后会再长出来侧枝，就可以持续收获了。

专家的智慧锦囊 覆盖 2 层，进行防寒。

种植茼蒿时，如果遇到强霜降或者寒风，就会受到冻害，茎叶就会受伤变黑。因此应覆盖不织布和寒冷纱，这样在吃火锅时，就可以尝到新鲜的茼蒿了。

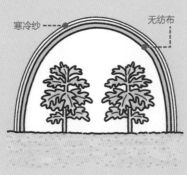

寒冷纱

无纺布

下图为采收的茼蒿，独特的香味是它的特征。在田地里过冬的茼蒿，到了春天就会开花。